U0904177

Q CITY
趣 城

总策划人：张宇星

主编：深圳市规划国土发展研究中心、《城市 · 环境 · 设计》（UED）杂志社

致谢：

深圳市规划和国土资源委员会（市海洋局）、深圳市盐田区政府、深圳市都市实践设计有限公司、张健蘅建筑事务所、坊城建筑、筑博设计、局内设计、寿恒建筑、普集建筑、深圳市城市设计促进中心

特别鸣谢：

王幼鹏、乔恒利、薛峰、丁强、王丽华、徐文

辽宁科学技术出版社

· 沈阳 ·

2010 年我发起和策划了深圳趣城计划，至今已经七年过去了。七年弹指一挥间，深圳也已经从一位勇往直前的青春少年，逐渐变得更加生动与魅力四射，更加有内涵、有韵味、有细节，也更加具有多样性和迷宫性，或者说，深圳开始变得“有趣”起来。

也许这正是当时设计“趣城”的初衷：一个城市，当它开始变得有趣时，它就真正开始成为一个地地道道的“城市”，而非被一堆抽象经济数据和竞争力排名光环簇拥下的“无趣之地”。从成立经济特区之始，深圳在某种意义上就不是一个“完整”城市，因为特区既给它创造了巨大的成长空间，又使这种超级成长过程产生了某些先天局限。城市的丰富细节和多元皱褶甚至还来不及变得清晰起来，城市增长就已经将这些文化、社会和空间痕迹快速抹去。于是呈现在我们眼前的似乎永远是一个充满了“光滑感”的无细节之城。是速度，将一切信息全部刮削掉了，剩下的仅仅是一种具有象征性的能量本身（就像是“黑洞无毛”一样）。

要在一个仍然处于高速运动的城市中，为其增加无限的多样性细节，这是一个巨大挑战。因为“有趣”这件事还没有被上升到城市的长远发展战略上来，更没有变成一个日常化的设计行动。于是需要从一开始，就设定一个有关趣城“策划 – 设计 – 参与 – 共享 – 实施”的完整链条和路径。首先，我们从梳理城市的有趣地点资源开始，分别编制了“趣城城市设计地图”和“趣城建筑地图”，从“城市设计视角”来评估我们城市的每一个角落，看看哪些是有价值的地点。其次，建立一个全球城市设计案例对标系统，即“趣城案例库”，并将其与深圳的具体地点进行技术性对位，找出潜在的城市设计激活地点，通过公众参与和专业建筑师的提案，形成了“趣城 · 深圳美丽都市计划”。“趣城 · 深圳美丽都市计划”与其说是一项城市设计专题研究，不如说是一个城市设计创意行动，我们从一开始就是把趣城计划界定为一种“非正规城市设计”，因为体系化和正规化恰恰可能是扼杀设计创意的摇篮（当然，这并非意味非正规本身就一定会产生创意）。在“趣城 · 深圳美丽都市计划”的编制过程中，每一位参与者，都试图将自己的视角放的更小、更低，就像是一只四处奔跑的“本地蚂蚁”一样，用日常生活有温度的眼光，去发现和挖掘出最独特的地点，而这些地点选择和创意提案，也都是应当能够被最平常的市民所“读懂”的。读懂，是一种情怀，也是一个方法，甚至可以上升为城市设计的最基础性道德伦理价值。因为它需要规划师、设计师和管理者们，放下“鸟瞰的权力”来从底层构建一座社会空间大厦，读懂自己和读懂别人，这些都是这个城市真正放下架子回到原点的开始。趣城不是玄奥的概念名称，也不是抽象的空洞口号，趣城就是给每一个人以机会，去用自己的双手搭建最简单、最平常的家。

在“趣城 · 深圳美丽都市计划”之后，我们开始了一个地区性的趣城实验：“趣城 · 盐田”。一些年轻建筑师主动加入进来，以及政府、社区、市民，每一个加入趣城的人脸上都洋溢着快乐的光芒。因为这不是一个例行性的委托任务，而是一次充满期待的发现之旅。我们需要暂时忘掉自己的专业和职业身份，“浸入”到一场游戏中来。既然是游戏，就不需要预先设定目标，更不需要禁锢自己的思想。一切，从眼睛看到的平常之物开始，然后强迫自己从平常中发现不平常，或者反过来从不平常中凝练出平常。我们坚信：当眼睛转换角度，奇迹就会发生。

趣城实验才刚刚开始，一些已经实施的“小玩意儿”甚至显得幼稚，但生命的种子已经开始萌芽。一连串“无意义”（可能是真正意义）的有趣行为，正在无数曾经被我们遗忘的地点（立交桥下、垃圾站边、摩天楼的阴影中、废弃铁路上、城中村里、无人修剪的野草花园深处……），静静展开。

谁在观看，平淡无奇的日常奇迹像达芬奇绘画一样，露出了魅力之笑？谁在倾听，城市百草园中无人倾听的蟋蟀在倾诉它对这个城市的无限衷情？谁在拍摄，一晃而过的霓虹灯影一遍又一遍地投射到广阔无垠的天空？谁在讲述，大都市每一个细微尘埃里曾经发生过的瞬间、临时、倏忽之故事？是趣“城”，更是一群有趣的“人”。

趣城，你是永恒之城。

趣城计划总策划人：

張羅

2017 年 10 月 28 日

趣城工作轴

2010

发起和策划了深圳趣城计划

公共空间创意探索，提出一系列设想和措施

2011

多种方式的趣城地点讨论征集

形成六大类计划，100个创意地点的方案

2012

将计划纳入相关规划，并推动在各区的实施

2013

组织成果宣传，盐田区积极响应

趣城计划向社会展示了设计的魅力和力量。通过多元化的设计把“趣”带给大家，同时挖掘城市的“美”。其次，“趣城 · 深圳美丽都市计划”从先前的一种思潮变成一股设计力量，它把设计师团结在一起，通过小规模的设计创作形成一股设计师通过设计推动政府关注城市小问题的力量，构筑起设计师和政府协同作战的一种新型合作关系。设计师不再是被动地接受任务，而是带有主动性的自由创作者。趣城计划为政府打造一种亲民的形象。最后，“趣城·盐田”计划提高了盐田的国际知名度。趣城计划包括《趣城·深圳美丽都市计划》《趣城 · 盐田 2013–2014 年实施方案》《趣城 · 社区微更新计划》等系列计划。由深圳市规划和国土资源委员会委托，深圳市规划国土发展研究中心承担和统筹，多机构参与。

2014

以盐田区作为趣城的重要实施地点

2015

组织城市设计竞赛

搭建规划设计主管部门、区政府、设计师的平台

2016

至今推动优秀方案施工落地

2017

开始趣城 · 社区微更新，进入社区层面的实践

未完待续

目录 CONTENT

240 附件

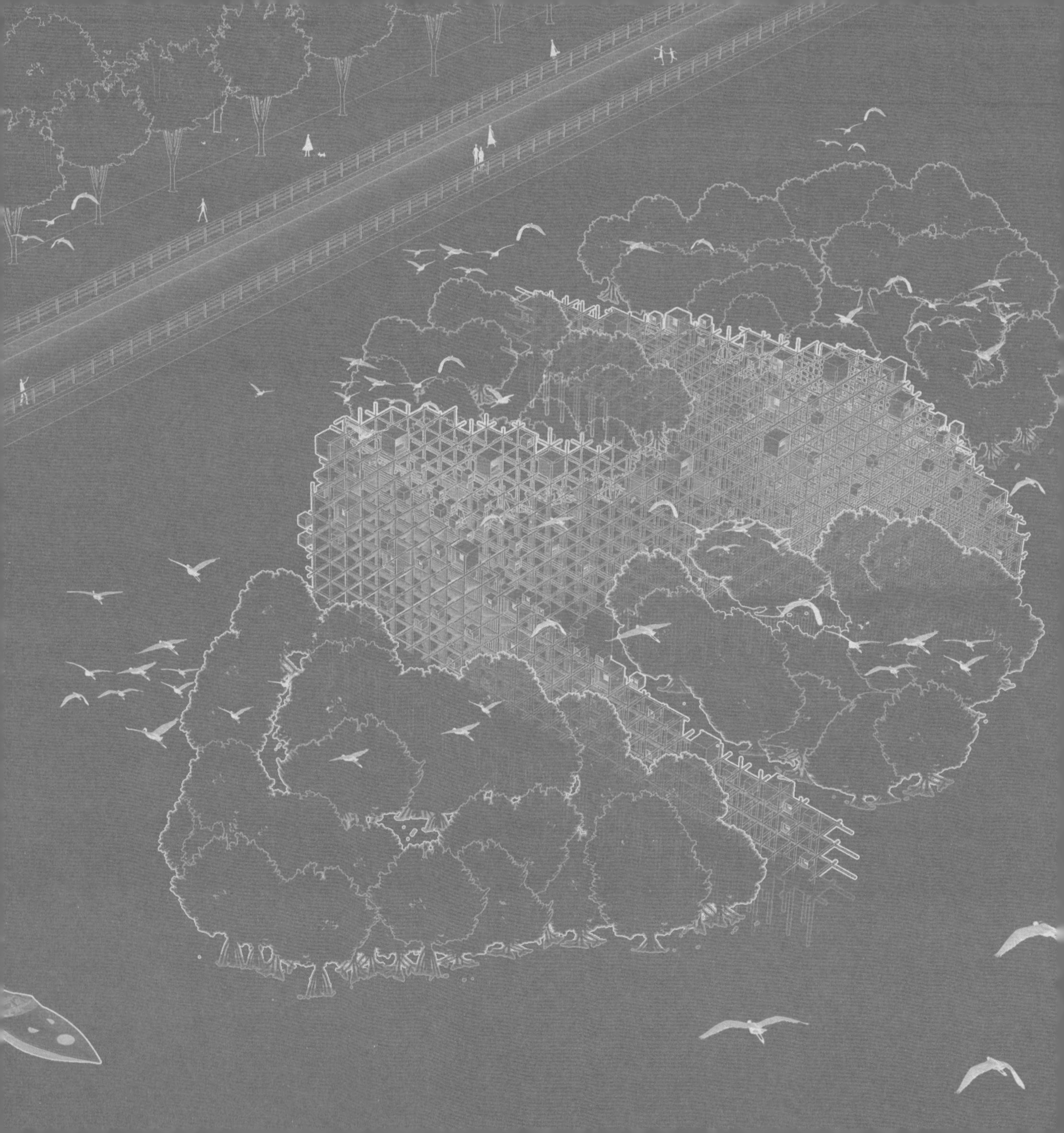

Q TALK 趣谈

溯流求源

以趣应痛
——当今城市梦的一种可能

文 / 王世福　华南理工大学建筑学院教授

写这篇有关城市的文稿之前，有两个要求，一是要围绕“趣城”，二是要探究“痛点”。我把这两个要求串起来，也就自然形成了这个题目，就是以“趣城”的赞赏来应对城市的“痛点”，这算是写作直觉的开始。但因为始终逃不脱面对城市痛点时深深的压抑心理，加上欣赏趣城运动时也始终怀着一种类似理想追梦的期冀心理，终究把文章写成了一种可能的城市梦。

先说说城市痛点，相比一系列已被痛恨狂批的交通拥堵、房价高企、环境污染、食品安全、教育畸变等城市问题，我想到更深切的痛点却是渐渐有钱了的大家一起生活着的城市渐渐没趣了，还不止是没趣，是日益糟糕而充满厌烦了。除了那些乡愁渐行渐远地消失在日渐衰败的乡村生境中，还不得不伴随着无尽的城愁。拼命奋斗来到城市里的人们，为压力山大的工作奔忙，为个人和家庭未来而焦虑，这难道就是拼搏的收获、成功的代价吗？再说了，不是说钱能解决很多问题吗？可是钱越来越多，问题似乎从来没有越来越少。

这个痛点，已经引起了来自顶层的高度重视，城市化的这一场盛宴始于 1978 年的改革开放政策，经济社会成功实现了巨变，却带来了一系列值得反思的城市问题。2015 年 12 月 20 日，中央城市工作会议时隔 37 年再次召开，强调在“建设”与“管理”两端着力，转变城市发展方式，完善城市治理体系，提高城市治理能力，解决城市病等突出问题。城市工作得到前所未有的高度重视，是国家对改革开放以来城市化进程的反思，聚焦点在于承载城市发展的建成环境和自然环境，明确指出“城市”这个短板的存在，其实质是城市的生活空间和生态环境品质与经济增长并不匹配，社会进步和文化弘扬也与城市化进程不同步。更为重要的是，这个短板如果不予以解决，将影响未来的可持续发展。

再议趣城运动，这是在几乎最有钱的中国城市里发生的相当有趣的一系列事，我一看到“趣城”这两个字就大致有一种欣喜、一种期待许久的欣喜，这就是深圳应该干的事情。所以，在城市规划评优的会议上，我记得我作为参与者之一，极力推荐这么一桩并非传统规划的运动，希望能得到比一等奖更高的那个“金牛奖”。

一座城市是否有趣，最关键的是自己的市民是否有这个感觉，市民是否具有发现城市的有趣的能力。换句话说，有趣的城市，应该包括有趣的市民及其发现城市有趣内容的能力，而且，这个发现的过程本身就是有趣的，这也许才是深圳趣城的有趣价值。“趣”既是形容词，也是名词和动词。当然，规划师作为一种专业者，去激发、去促成、去推演这个有趣的过程，是非常值得赞赏的。传统的专业者善于为专业地应对某一问题而工作，而有趣的专业者则更善于为专业地促成某一行为而行动。

最后，再聊聊城市梦，城市无疑是人类圆梦的最重要场所，是科技进步、文化演进的孵化器，是人文传承、思维创新的培养皿。每一次积极的做梦、追梦和圆梦，都是人类朝着未来的每一步坚定的踏进。中国的城市化，因伟人的改革开放政策而启程，应全球化而加速，融信息化而嬗变，走出了一条人类历史上史无前例的中国城市化之路，伴随着荆棘却也充满着自豪，最大规模的人口流动带着最深的乡愁，去城市追梦。中国的城市梦不同于美国梦的汽车和房子，而是整个国家从农业时代经被全球化分工压缩的快速工业化，走向信息时代的一种中国梦。其范型中包含着复杂的东方传统乡愁和追求事业成功与家庭幸福并重的现代理想城市生活。每每谈及城市的胜利，在对超高层地标、高速运转的基础设施、发达的商业和丰富的公共服务产生自豪的同时，也难免陷入城市病的无尽无奈之中。于是，城市梦指向了一种理想，既要享受城市带来的便捷、效率、舒适、时尚，也要拥有乡愁指向的自在、愉悦、轻松、惬意。然而，梦总是抽象而缥缈，而现实中城市里，人的活动、人的交互却总是充满活力的，一座城市，公共空间里面装载活力的程度，其实就是这座城市梦实现的程度。“趣城”很精彩地践行着在城市里寻梦的那种执着，态度中透露出对于城市建设种种不如意的包容，也激辩着城市是谁的、为了谁的基本命题，更重要的是，倡导城市人必须善于发现城市的有趣，并将自己的活动、自己身边其他人的活动注入进去。集体活力既是城市的本原特征，更是破解城市问题的一种集体智慧，相信“趣城”已经不断地给深圳注入了新的活力和更多元的内涵，体现出深圳梦的一种追求，为“趣城”点赞！

大题小做——“都市针灸术”作为城市发展的策略

文 / 吴中平　华南理工大学建筑设计研究院、亚热带建筑科学国家重点实验室

这种来自于汽车交通和不稳定的土地投机的共同作用使可实施城市设计的范围受到严重的局限，任何调整和介入的力量都被大大削弱；要么是仅仅处理一些早已由规则既定的因素，要么做一些现代发展所需要的推进市场买卖和保持社会秩序的表面文章。除了交通发展计划以外，任何形式的总体规划在很大程度上都局限于学术范畴，大尺度的城市设计的命运也是一样。由于这是当今世界许多地方面临的严峻现实，城市设计师、建筑师以及规划师们试图推进可变通的“小规模渐进”战略。[1]

——肯尼斯·弗兰普顿 (Kenenth Frampton)

当前的大规模城市发展规划过分强调基础设施、土地开发、市场导向等因素，却忽视了肌理的持续性、场所感以及可达性。在实施过程中，城市规划要面临漫长的讨论、协商、审议和落实的过程，受制于多方的制衡和博弈，很难保证规划之初的核心意图得以落实，很难在短时间见到成效。面对大尺度规划的局限性，许多建筑师和城市学家主张小规模渐进式的、以建筑项目为手段的“都市针灸术”，即选择关键性的区域和节点，通过重要的城市建筑项目赋予城市以鲜明的形式，实现空间的人性化、连续性、中心性。

“都市针灸术”理论最初是由巴塞罗那建筑师和都市研究专家曼努埃尔·德·索拉·莫拉莱斯（Manuel de Sola Morales）提出。他将城市建成环境看作皮肤，“皮肤不是内部的覆盖物，而是组织的基本结构，最清晰地体现其特点。都市肌理的表皮，使我们能转换其组织的内在新陈代谢”[2]，而“都市针灸术”则是通过选择关键的“穴位”进行小规模的治疗，从而改善城市的整体机能。这一观点得到了许多建筑师的认同和推崇，也为建筑学切入城市议题找到了着力点。许多建筑师都以“都市针灸术”作为设计的指导原则，强调在可控的资金和建设周期内，通过其建筑个体的介入作用，对城市整体产生广泛而长远的作用。

“都市针灸术”是与现代主义城市规划“手术刀”式的城市更新相反的都市发展策略。它反对现代主义规划的大规模的项目和改造，认为“手术刀”式的介入方式，需要大量的资金和长期的政策作为保障，实施的过程充满不确定性。而且，由于“手术刀”会整体切除都市的“病灶”，对所在的地区，带来不可修复的“疤痕”，彻底改变原有的深层结构和肌理。因此，“都市针灸术”更强调细致而微小的介入措施，力图与原有肌理密切结合，而又能产生超出所作用区域的巨大影响。

本文试图通过对“都市针灸术”代表人物以及外延的理论进行分析，勾勒出其主要思想，呈现其多样性和丰富性，并结合“趣城”计划探索面对中国城市发展的可能性策略。

发掘都市性（urbanity）—莫拉莱斯的"都市针灸术"

巴塞罗那建筑师和都市研究专家曼努埃尔·德·索拉·莫拉莱斯（Manuel de Sola Morales）关注城市的"皮肤"："城市的'皮肤'不是平的。它像人体肌肤一样，无论光滑还是粗糙，都是一个有特性的网络，受介入措施与对策支配。古老的东方针灸把皮肤看成是能量传输的系统，有 361 个穴位分散在身体的表面，通过 12 条经络传输感觉给其他组织，包括外部和内部的。都市皮肤也在传输能量。"[3] 都市针灸术的核心在于创造和激发都市性，以最小的干涉达到最大化效果。

正如针灸治疗一样，都市皮肤诊治策略的第一步是确定穴位。莫拉莱斯能在混乱的状况下抓住都市的潜质，给这些穴位注入活力。他强调这些穴位必须具有策略性、系统性和相互关联性。他从五个方面界定了穴位和作用于此的都市项目（urban project）的标准：①项目所形成的影响力是大范围的，不仅仅局限于它所介入的场地；②功能是复合和相互依存的，取代单一功能（公园、道路、类型化建筑等）；③综合考虑用途、使用者、使用率、视觉导向等因素；④具有中等规模，能够在较短的时间内完成；⑤主动设定为都市建筑，在投资和功能的集体使用方面，具有显著的公共性。[4]

在莫拉莱斯的项目中，他往往强调：都市功能的混合和适宜的密度，妥善设置公共交通和基础设施，使市民活动的步行区域成为空间的主角，使都市性得以达成。"在一片空白处或靠近一片空白处营造起点。他常常用一个最小的添加物，一个小小的改变有时候就已经足够作为起点了……它能保持开放的可能性，不会预先排除任何东西。他通过添加建筑来实现这一目的，但这些建筑的首要目的不是要满足纯粹的功能。他对都市景观的添加的特点不在于纯粹的有用，也不是炫耀式美观。其核心在于它们物质化的呈现，使得它们可以成为都市化的凝聚点。"[5]

水平的形式—弗兰姆普敦的"巨构形式"理论

受莫拉莱斯的启发，建筑学者弗兰姆普敦提出了"巨构形式"（Megaform）理论，这是对都市针灸术的补充和发展，是都市针灸术中关于特定建筑形式的一种主张。他更强调从建筑本体出发，建筑形式和功能活动共同作用，创造出贴合都市肌理、体形巨大、水平延伸、独具特色的公共场所。

"我从我的同事、巴塞罗那城市学家莫拉莱斯那里借用了'城市针灸'一词。显然，他使用这个字眼是指小尺度介入的战略。这种小尺度介入有一系列前提：要仔细加以限制；要具有在短时间内实现的可能性；要具有扩大影响面的能力，一方面是直接的作用，另一方面是通过后期效果影响和带动周边。在这种概念的启发下，我自造了'巨构形式'一词，用以指代这样一种造型潜力，即在大都市的地景中，特定的水平城市结构产生的地形改造和变化。"[6]

特大城市成为当今发展的趋势，而郊区化蔓延导致了"无场所感都市地带"的增多。面对这样的困境，弗兰姆普敦认为，在当前这样的环境下，大规模的总体规划和城市设计无法发挥作用，建筑师只能以片段化和补救式方法介入城市。而其中最有效的手段是有意识地在大型成片的普通建筑肌理中设置具有魅力的节点——巨构形式，营造地标和场所感，创造具有凝聚力 的市民性空间（civic space）。巨构形式可以有不同的尺度，营造不同的场所不仅仅基于尺度，而且基于功能复合的形态。它可以是有机的住宅连续体，也可以是相关联的延伸性公共综合体；它是纯粹水平性的，尽可能与基地相结合。这种类型的特点如此明显，以至于其自身即构成了城市景观。它应被限定在一定的时间和范围内，易于被社会所实现；它具有能力将公共区域置于完全私有、大范围的无场所感的环境中；在无边际的特大城市中，它可以作为一种地标形态，如同地理学的岩层，当它置于特大城市时，需要与传统的都市肌理相融合。[7]

治理的艺术——勒纳的“都市针灸术”

如果说莫拉莱斯的都市针灸术案例是相类似的针灸疗法作用于不同城市，那么吉米·勒纳（Jaime Lerner）的都市针灸术案例则是不同的针灸疗法持续作用于同一城市——巴西的库里蒂巴市（Curitiba）。勒纳不仅仅是规划师和建筑师，他更重要的身份是库里蒂巴的三任市长。以他为代表的历任市长通过一系列的城市项目有力地推动了库里蒂巴的城市发展，因此该市成为 1990 年联合国第一批命名的“最适宜人居的城市”，也是唯一入选的发展中国家城市。

勒纳对都市针灸术的定义是：“都市针灸术”能复兴一个“病的”或“衰败”的地区及其周围，通过在关键点上的一个简单的触动。就像在医学方法中，这个介入可以触发积极的连锁反应，帮助医治、提高整体的系统。[8] 他指出了“都市针灸术”与长远规划相比，最具操作价值和现实可行性的地方在于“规划的整个过程需要很长的时间，它也必须是漫长的。但有时候你不能等，有一些聚焦点是你可以迅速行动，得以创造新的能量，有助于规划的整个过程。它不仅仅有助于规划过程，而且有助于它的发生”。[9] 都市针灸术主要依靠灵活的地区政策和能够快速完成的、准确的介入项目。在勒纳的《都市针灸术》一书中，他提出，“都市针灸术并不仅限于物质方面的介入措施，比如历史建筑的修复等，也包括各项政策：减少噪声污染、在偏远的地区鼓励提高生活质量的夜间生活等。”[10]

在可控的时间、投入成本和落实措施下，通过“都市针灸术”改善城市机能，是受任期和选举制约的地方政府易于接受的一种现实的策略，也是能在短期内卓见成效的策略。通过短期的、局部“针灸治疗”的示范效应和带动效应，相关的长远规划策略才能更易于达成共识，得以逐步落实；而且“针灸治疗”也可以根据时间的发展和“肌体”的“康复情况”，调整“穴位”和治疗的方式，不断改善整体“肌体”的机能。

勒纳在库里蒂巴采取的一系列“都市针灸”项目，都充分体现了这一特点：选用运力和速度相当于地铁，造价却相对低廉的快速公交系统（BRT）、结合防洪功能与景观绿化为一体的河岸公园、由垃圾填埋场改造而成的植物园、以激励措施引导的全民参与的“绿色交换”垃圾回收项目等等。每一个单一的措施都似乎仅仅针对城市的某一特定问题，然而，其共同特点在于城市建设强调创造性市民参与、公交优先、对城市整体环境的注重以及寻求适合本地特定环境和条件的适宜技术（appropriate technology）。库里蒂巴的“都市针灸术”是以政府为主导的、数十年持之以恒的、系统性的、局部的“针灸治疗”，其有效地改善了城市肌体的整体机能，使库里蒂巴成为城市发展的典范。

“都市针灸术”的独特疗法

“都市针灸术”并没有严格的定义和放之四海而皆准的标准模式，它是一个内涵丰富且外延开放的城市发展策略，有着相当多样的诠释和理解。在此，笔者试图总结出都市针灸术的共同特征，但不同的都市针灸术策略会有不同的侧重点。

1. 寻找敏感穴位

对于都市针灸术而言，首先是要寻找切中城市病症的敏感穴位，这是非常关键的一步。城市是一个鲜活的有机体，各部分密切联系，通过关键性的“经脉”传递能量。当我们面对城市复杂的病症时，不应将其大面积抹去重建，而应寻找关键性的敏感穴位，给予精确而细致的局部治疗，从而在相关联的区域带来连锁反应，最终促进城市整体振兴。从一系列案例中可见，敏感穴位往往是具有潜力成为城市公共活动中心，可形成强烈城市性和辐射效应的区域，如公共交通的转换枢纽、具有历史价值的衰败街区、界定城市不同区域的边界、位置优越但尚待开放的“棕地（Brownfield）”等等。

2. 微小介入

微小介入是“都市针灸术”最突出的特点。“微小”意味着小规模、低成本的介入，也意味着与所在地区密切关联，鼓励公众参与。它既可以是地区性或低成本的建筑项目、环境整治，或街区尺度的城市设计，也可以是公众参与或政府引导的社会运动和政策。

微小介入主张针对当地和社区的实际需求，确保对原有城市肌理的尊重，提升现存要素的价值。它致力于发掘和利用当地现有资源，而不是依靠大型资本；它主张促进市民参与和共建，使市民产生强烈的归属感；它专注于微小、精细、自下而上的介入，反对大型的、自上而下的介入（因这种介入通常需要公共财政和私营资本的大量投入）。

微小介入确保了项目的可实施性。在可控的时间和成本下落实措施，通过都市针灸术改善城市机能；通过短期、局部“针灸治疗”的示范效应和带动效应，使得相关的长远规划策略更易达成共识，得以逐步落实。而且“针灸治疗”也可以根据时间的发展和“肌体”的“康复情况”，调整“穴位”和治疗的方式，不断改善整个“肌体”的机能。

然而，“小”是一个相对的概念，是相对于大规模的城市规划或城市更新项目而言的。在解决方案的制定上，它超越传统的单一手段，尝试寻找建筑、规划、艺术、社会学等多学科的综合性策略，综合考虑历史、政治、经济、文化、生态、基础设施等多方面的因素。

3.“催化作用”的巨大效应

都市针灸术对局部地区的关注，并不意味着整体性的丧失，恰恰相反，它的独特性在于微小介入的目的不仅仅是满足局部的需求，还希望对大范围城市区域形成“催化作用”，从而达到大范围、整体的激活效应，因此，都市针灸术是一种影响城市未来形态的战略性策略。介入措施具有系统性和相互关联性，一系列的介入措施形成的整体效果应大于各部分之和，而且能激起现存城市肌理的积极响应，产生连锁效应。具有催化作用的介入措施包括连续性的步行体系、一系列的小尺度“口袋”公园、可复制推广的社区公共活动中心、高度城市性的复合功能建筑、具有地标效应的公共建筑等。

4. 渐进式疗程

都市针灸术不是一蹴而就的规划，其充分考虑城市发展的过程性，注重时效性和渐进性，不断根据实际疗效调整治疗措施。最初的介入措施是一种尝试和示范，当收到成效后，再逐渐推广扩大。这种渐进式疗程也保证了城市发展的连续性，使城市原有肌理得以延续和演变，避免了大规模城市更新带来的割裂和突变。

5. 困难与挑战

都市针灸术作为一种内涵丰富的城市发展策略，在实施过程中，仍然会遇到许多未知的挑战。

首先，如何通过“针灸术”用局部去影响整体？由于催化作用带有一定的不确定性，微小介入并不一定能激发起预期的连锁反应，因此设计者须细致考虑局部与整体的关系，制定切实可行的行动计划并及时调整策略。

其次，如何把握“银针”的粗细？介入措施的微小是相对而言的，如果把握不当，极有可能成为伤害城市肌理的“手术刀”。因此，设计者除应关注介入措施的成本和规模，更应关注它对城市肌理的影响。

最后，如何保证持续地“治疗”？都市针灸术渐进式实施策略容易受到各种因素的干扰（例如政府的更迭、经济条件的变化、公共意见的转化等）而影响其“疗效”。因此，它应该具有一定的灵活性，以保证实施的可持续性。

“趣城”计划—中国式的“都市针灸术”

“趣城”计划是深圳在从“深圳数量”到“深圳质量”转型的过程中，发起的“以小见大”的公共空间设计活动。在笔者看来，这一项目最难得的地方在于摆脱传统的、自上而下的大规模城市建设模式，从大量微小的市民日常公共生活空间入手，试图通过有限的投资、精准的设计和持之以恒的实施策略，有效地提升城市公共生活的品质。它可以被看作是“都市针灸术”在中国城市的探索性疗法。

面对快速的、粗糙的城市化进程，特别是在城市建设中大量低质量的“无场所感（Non-place）”区域，“趣城”计划将城市公共空间作为“敏感穴位”，通过对专家、政府、企业和公众的咨询和沟通，寻找具有潜力的场所，提升空间品质，引导和促进“都市性”（urbanity）的形成和发展。

“趣城”计划强调可实施性，它需要小规模和低成本，更需要设计与政策的相互结合。在“趣城”的一系列计划中，大部分项目都是对现有场所的改造，都寻求因地制宜的“适宜技术”和变废为宝的“点石成金术”。它通过政府强有力的政策，通过局部示范工程的效应，说服参与者和利益相关方，共同推进“针灸”项目。

“趣城”计划反对宏大叙事，但它绝不是可有可无的点缀，笔者认为它是一种影响城市未来形态的战略性策略。这一系列的“趣城”计划，它试图通过许多微小但相互关联的项目，积少成多，由量变引起质变，达到“催化作用”的巨大效应。

相比较于“大干快上”的政绩工程而言，“趣城”计划更需要勇气和耐心。要使“微小”的介入，产生“巨大”的效应，“趣城”计划需要作为项目引导者的政府机构付出更多的精力和时间，制定细致可行的计划，协调各个参与方，并持续不懈地推动项目。

结语

都市针灸术不是“一方治百病”的“灵丹妙药”。然而，面对当下中国将快速城镇化作为经济增长的动力，努力寻找发展“新型城镇化”模式的趋势，都市针灸术可以成为一种值得借鉴和探索的理念。希望深圳“趣城”计划能持续地推进下去，为中国城市提供一个具有示范意义的中国式“都市针灸术”，成为一种“大题小做”的城市发展策略。

本文由笔者 2015 年 6 月刊于《新建筑》杂志的文章《都市肌理的“针灸术”——“微小”介入的“巨大”效应》改写而成。

参考文献：

[1] Ron Witte. The Perfect Storm: Urbanism and Architecture. Architecture Design , 2012 , 9-10.

[2] Kenenth Frampton. City Catalyst Architecture in the Age of Extreme Urbanization. Architecture Design，2012，09.

[3] Kenenth Frampton. Mega Form as Urban Landscape. University of Illinois, 2009.

[4] Manuel de Sola Morales. A Matter of Things. Rotterdam: NAi Publishers，2008.

[5] 吉米 · 勒纳（Jaime Lerner）本人网站：http://www.jaimelerner.com/office.html.

[6] Jaime Lerner. Sustainable City. Lecture in RIBA, http://www.gleeds.tv/index.cfm?video=642)(Video)2009.

[7] Kroll Lucien . Creative Curitiba. Architectural Review,1999-05, Vol. 205, Issue 1227

[8] Marti, Miquel. In the Search of Contemporary Civitas. The Public Space Renewal in Barcelona (1979-2003): From Monumental Objects of Design to a Design Language for Civic Places.” In After the City: a Genealogy of Urban Concepts. Barcelona: UPC, 2005.

[9] Tim Marshall and others. Transforming Barcelona: the Renewal of a European Metropolis. London: Routkedge, 2004.

[10] 肯尼斯·弗兰普顿 . 千年七题——一个不适时的宣言: 国际建协第 20 届大会主旨报告 . 建筑学报，1999，8.

[11] 任沙沙 . 解读库里蒂巴——第三世界国家发展设计的路径空间探讨 . 北京：中央美术学院 .

[12] 蒋超，黎淑翎 . 巴西库里提巴城市设计工作坊侧记 . 南方建筑，2010（01）

[13] 杨继梅 . 城市再生的文化催化研究 . 上海：同济大学，2008（03）

1 参见：肯尼斯 . 弗兰普顿 . 千年七题 _ 一个不适时的宣言：国际建协第 20 届大会主旨报告 . 建筑学报，1999-8

2 参见：Manuel de Sola Morales. A Matter of Things. Rotterdam: NAi Publishers,2008

3 参见：Manuel de Sola Morales. A Matter of Things. Rotterdam: NAi Publishers, 2008

4 参见：Manuel de Sola Morales. The Urban Project. In Lotus Quaderni Documents，1999

5 参见：Hans Ibelings. Urbanity. A Matter of Things. Rotterdam: NAi Publisher,2008

6 参见：肯尼斯 . 弗兰普顿（Kenenth Frampton）. 千年七题 _ 一个不适时的宣言：国际建协第 20 届大会主旨报告 . 建筑学报，1999-8

7 参见：Kenenth Frampton. Mega Form as Urban Landscape. University of Illinois,2009

8 参见：吉米 . 勒纳（Jaime Lerner）本人网站：http://www.jaimelerner.com/office.html

9 参 见：Jaime Lerner. Sustainable City, Lecture in RIBA[网 页]http://www.gleeds.tv/index.cfm?video=642)(Video)2009

10 参见：Jaime Lerner，Urban Acupunture[M].3rd edition. Washington:Island Press, 2014

先锋城市的远见与回归

文 / 邹兵 深圳市规划国土发展研究中心总规划师

深圳以建设“可持续发展的全球先锋城市”为使命，其城市精神天然蕴含着一种不拘常规、敢为人先的基因特质。反映在城市规划设计上，则体现为超越眼前的理想追求，以及对城市未来长远发展的前瞻性预判和超前谋划。无论是早期的弹性组团结构、机场的战略选址、福田中心区的空间预控，还是后来的基本生态控制线划定、前海新中心的战略谋划，以及国家铁路枢纽的超前布局，都反映出深圳规划的远见卓识和责任担当。虽然城市的发展过程充满不确定性，但深圳在关键性重大空间战略决策上基本没有出现误判，每一次选择都为后来的发展创造了新的机会和条件。规划的远见对城市持续健康成长发挥了重要的战略引领作用。

经历了 30 多年的高速空间拓展和大规模建设投入后，深圳已告别了空间扩张的时代，城市空间结构格局趋于稳定。一个新的口号“深圳质量”取代了过去对“深圳速度”和“深圳效率”的追求。进入“质量发展”时期，人们对于美好生活的向往，一方面是更宽敞的住房、更稳定的工作、更满意的收入、更可靠的社会保障、更便捷的交通、更好的教育和医疗健康服务；另一方面，还追求更优美舒适的环境，更丰富的精神文化生活，更有品位和个性的空间场所体验。由此也必然带来人们对于空间价值的认知变化，不仅是满足生理和物质方面的功能需要，还要承担精神家园、心理依恋和文化认同的作用，让人在场所体验中获得心理愉悦感、归属感、自豪感和荣誉感。

以“质量、品位”的标准审视我们快速建成的城市空间，速生品的缺陷无法回避：许多建筑和公共空间宏伟但不亲切，气派却显单调，新潮但不精致，可看但不耐看，方便快捷但乏味无趣，距离有品质的生活还有很大的距离。设计能够创造价值，设计能够改变生活。曾经创造过辉煌业绩和荣耀的深圳城市设计，需要将关注点由规模崇拜转向品质追求。新时期的设计价值观，不再是单纯追求远大的宏伟目标，而是体现一种价值“回归”：回归本源，回归生活，回归人性，回归细节。

城市发展理念和设计价值观的转变，不能仅仅停留于口号和宣言，而是需要在行动方式上的实质性改变。深圳需要新的创意，新的行动，以应对城市之光的暗淡；应对市民对美好生活的渴望；应对人性化尺度空间体验的精神需求。这一转变知易行难，是一项需要历史耐心的持续工作。作为先锋城市的深圳，需要采用创新手段创造“新城市空间”，也创造新的城市生活。新的城市空间需要新的创意，“趣城 · 深圳美丽都市计划”就是这样一次具有开创性的实践活动。

“趣城·深圳美丽都市计划”虽然定位为先锋性的城市设计实践，但其工作原则仍然遵循城市空间发展的基本规律，秉承务实理性的科学态度，致力于复杂问题的有限求解。其中采用的一个基本策略，就是借鉴世界著名城市中较为成功的公共空间案例，针对性地应用于深圳各类公共空间的设计和塑造中。在深圳选取独具特色的地点，通过创意的城市设计，来激发和提升城市空间的活力和吸引力，以点带面，促进城市整体环境品质的提升。

独具特色的城市公共空间塑造，既需要自上而下的主动规划和统筹，也应当允许和鼓励自下而上的自发生长。在规划师、设计师未必关注但却贴近人们实际生活需求的场所，往往会发生小尺度的、散点式的自发更新改造行为，而这可能正是多元化、特色化的城市空间产生的萌芽。在“趣城”计划的实践中，我们通过市区内 100 多个地点的实际勘察、专家研讨、公众咨询和网上公开征询创意设计思路等方式，发动基层政府和广大市民一起行动起来，共同设计公共空间，共同塑造自己的城市。许多公共空间的改造意向，先由生活在其中的市民提出，再由专业的设计人员进行设计。市民、设计人员和政府职能部门的合作是“趣城”计划的灵魂，借此实现市民的创意想法、设计师的专业技术、政府部门的资源调配之间的无缝衔接和紧密合作。我们的想法，是让“趣城计划”成为一个让所有创意被展示、实施的城市设计系统接口。每个人都可以在趣城平台上自由、感性地发布城市设计创意；而作为实施主体的基层政府和开发商，则可以在平台上与创意者直接对接。本次实践中，在全市范围内催化了数百处小型设施改造和小型公共活动。“趣城”实践也实现了城市设计从以往以精英设计师为核心的英雄主义模式，向以市民体验为核心的多方参与模式的转变。

深圳早在 2011 年就做出“全面提升城市发展质量”的战略部署，率先实践为全国城市的转型发展探路试水。当前国家进入高质量发展的新时代，我们期待“趣城”计划这样的城市设计实践活动，能够被社会各界持续关注和支持，能够引发行业的广泛讨论、评判并不断总结、改进，能够在更多地方、更大范围内继续实践、复制和推广。

趣识 Q VIEW

见微知著

改变，于细微处

文 / 施源　深圳市规划国土发展研究中心副总规划师

趣城是一个不断积累的过程

未来城市与城市的竞争，将因生活环境品质而见高下。从深圳速度走向深圳质量，意味着深圳正在重新思考自身的城市定位，即从工业化注重生产的城市向人性化注重生活城市的转变。实现这一转变，仅依靠传统宏大叙事的设计手段也许远远不够，必须更加注重对城市活力地点的塑造，通过城市设计来邀请人们参与更多的城市生活。

“趣城”计划包括《趣城·深圳美丽都市计划》《趣城·盐田2013-2014年实施方案》《趣城·深圳城市设计地图》《趣城·深圳建筑地图》《趣城·社区微更新计划》等系列计划，试图在找出一条与理性规划并行的路，一种能赋予城市美好生活的可能答案。

“趣城”计划在深圳发起很大程度上是结合了其自身优势和需求。深圳是一座年轻的城市，城市中有很多年轻人，他们对生活品质非常有追求。我们为深圳打造的一系列有趣味性、有设计感的公共空间，也是为了更好地留住人才。同时它也是一座高科技、创新型城市，意在打造“设计之都”的城市。在北京、上海这样历史丰富的城市，可能比较容易创造出富有历史感和文化价值的空间，而深圳城市历史比较短，要打造创意空间相对来说就没有北京、上海的资源丰富。但这也是深圳的优势，没有羁绊和限制，深圳可以有更大胆、创新的尝试。过去30年深圳采用了粗犷的土地开发模式，把能够开发的土地几乎开发殆尽，现在则需要我们进一步细致开发。这个过程就像房屋装修，第一次整体装修后，在居住的过程中可以再慢慢地装饰、细化你的家，深圳现在就需要这样一个过程。我们主要的目的是以城市公共空间为突破口，营造一个个有意思、有生命的城市独特地点，形成人性化、生态化、特色化的公共空间环境，通过“点”的力量，创造有活力、有趣味的深圳。我们在最初进行城市更新方案设想的时候，对传统的、系统性的、宏大的城市设计方法是反思甚至是持否定的态度。但其实“趣城计划”应该说是在传统城市设计方法上的补充和完善，而不应是否定，所以我们通过引导进行部分更新、综合整治，进行“有机更新”或“微更新”，可以同时达到传承文脉和改善环境的效果。

如果要问在这一过程中，政府在“趣城”计划中扮演了什么角色，一方面，政府是“趣城计划”的发起者，因为现在市民可能还没有能力去发起这样一个活动，在落实方面是交给了规划部门来实施的；另一方面，在参与意识、组织力量比较强的社区或地方，政府会后退，将主导权交给社区和地方，而在主导意识没有那么强烈的试验点，政府就会更多扮演主导者的角色。

我们有一位负责中心区城市设计咨询的资深专家曾经总结过城市设计的成功要素，很重要的一条就是主管者对城市设计要有信心。"趣城"遇到的情况和城市设计是相似的，城市的管理者要对项目有信心，并且积极地推动引导。第二点是有一群优秀的设计师。深圳有很多年轻的设计师参与进来，和我们一起实地踏勘、讨论，他们很多都是志愿者，花费了很多时间和精力来做设计、画效果图，他们的热情时常让我们都深受鼓舞。正是因为有了深圳城市发展的积淀、高素质的城市管理者支持和自愿投入的设计师们，"趣城"才取得了成功。当然，市民在其中发挥的作用也不可小觑。很多深圳市民已经在多年的社区参与中被熏陶出公共参与的意识，他们已经习惯"被打扰"或者说已经看到公共参与的好处了，这为我们的工作开展降低了不少难度。

我们希望"趣城"能够成为联系政府、开发商、企业、设计师和市民的公共平台；使符合"趣城"理念的项目都能够融入这个平台，并得到实施；使深圳不仅成为一个生产型城市，更成为人们可以安居乐业的、在工作之余有很多地点可以带着家人游玩的城市。

设计城市·设计生活

——“趣城”一路走来有感

文 / 韩娇　深圳市规划国土发展研究中心高级规划师

反思——设计城市，设计生活

“趣城”这个项目的提出缘于我们对城市、公共空间还有城市设计的反思。

1. 反思——城市

这个世界一直在快速变换着追求美好城市的眼光，从一味顺应汽车的城市到“人性化的城市”。的确，城市也好，人也好，不为生活，为了什么？当我们骄傲于城市的光鲜亮丽和宏伟气派时，也深深遗憾于宏大叙事背后欠缺的人性关怀。深南大道、世界之窗、地王大厦，我们引以为傲的城市地标，是否是一个好的城市的代表？深南大道，是车辆通行的道路而非适合人行走的街道；地王大厦，这样的标志性建筑，我们也只是路过；世界之窗，我们一年又能光顾几次？也许一次都没有。在城市综合体大行其道的同时，以小汽车为对象的现代城市综合交通体系线路越加密集，城市公共空间、步行活动和作为城市市民聚会场所的各类户外开放空间被置于越来越次要的位置。城市是人们聚会交流、购物放松、享受自我的场所，我想一个能满足人的这些基本需求的城市，才是好的城市、有趣的城市吧。“趣城”这个项目最初的起因来自于我们对于城市的反思，现在也许比以往更需要新的创意、新的行动，来推动深圳从工业化注重生产的城市向人性化注重生活的城市转变。

2. 反思——公共空间

我们认为一个好的公共空间，应至少满足四个维度的要求：可达性、功能性、舒适性、社会性。深圳的公共空间很多，但很少能完全达到这四个维度的要求。能给城市中的人增加归属感的，可能是一条河流、一条步行街、一杯午后的咖啡，却永远不是高楼大厦。

海：深圳的海域面积达 800 多平方公里，海岸线长达 233.7 公里，但市民往往感觉近海却不亲海，西部大片沿海空间被港口、仓储等设施占用，东部大小梅沙一到节假日就人满为患。

河：深圳境内有多达 310 条河流，但并不能感觉到这么多河流的存在。这是因为早期河流水系主要承担了排污排洪的功能，后来被盖之、堤之、填之，人和水的距离慢慢变远。

公园：深圳是公园城市，各类公园已达到 800 多个，但绝大多数公园是封闭式管理的，还有的写着“自行车与狗不得入内”。

道路：只是道路而非街道，除了交通规则还是交通规则。

历史空间：很多人说深圳是一座没有历史的城市，而实际上，深圳地上、地下文物共有 1792 处，其中各类古建筑就达 1600 多处；城市内部还保留着大量宋明清时期的历史印记，如南山区的新安古城、宝安区的凤凰古村、东部滨海地区星罗棋布的百余个旧村等，而一些有特色的古村落要么逐渐破败无人问津，要么被拆除改造，面目全非。

3. 反思——城市设计

城市规划往往过于宏大，缺少直接用于公共空间建设实施的指导，更多关注“人均指标”，通常以物的分配而不是人的使用为出发点，因而往往只是解决了公共空间的有无问题。传统的城市设计一般关注关键节点、重点地区，较为宏大难以实施，或者是陷于对建筑单体本身色彩、造型等的关注。传统的规划设计在人性化公共空间这一块儿是失灵的。

我们认为城市设计最主要的目的是为了提升城市的品质，它的关注点不是功能，也不是布局，甚至不是建筑，我们更应关注的是城市的公共空间，通过研究市民的需求和行为，把能够吸引人驻足逗留的元素融入城市公共空间的设计，邀请人们参与更多的城市生活。

编制——地点激活，城市针灸

趣城实际上是希望通过城市设计的改变，来改变我们的公共空间和城市。因为要彰显城市的魅力，仅靠传统景观轴线等城市视觉形象的设计是远远不够的，必须另辟蹊径，直接从具体的场地入手，弥补城市设计微观层面的不足。这种改变用一个词来形容，就是“针灸”。如果说中医的针灸是在最关键的部位，用最微小的气力使肌体得到最大的调理，那么城市针灸则是将城市作为一个生命体，通过对城市生命体“穴位”——特定地点，采用小尺度介入的方式加以控制和引导，激活其潜能，推进邻近地区的发展，从而促进城市面貌改善，治疗城市病。

“明渠亲水化”，促进城市生活由背河而居转向沿河发展，让水滨重新回归都市。边界共享的红线公园计划旨在打破小区围墙的隔离，打造通透创意的活动空间，甚至大胆地设想一些衰退的主题乐园比如锦绣中华能够打掉围墙，转换运营模式，变为向市民免费开放的古代建筑体验区。

我们希冀，通过公众日常需求和设计师天才创意的结合，借由政府的公共政策，推动城市创意公共空间的实施，给城市找出一条与理性规划并行的路，找到一种能赋予城市美好生活的可能答案。这是一种全新的尝试，它不是激进的、全面的、运动式的，而是温和的、持续的、散点式的。通过在城市关键节点营造出一个个有意思的人性场所、有生命的城市场所，进而激发民众对城市、对公民社会的认同。

《趣城·深圳美丽都市计划》形成了特色公园广场计划、特色滨水空间计划、街道慢行生活计划、创意空间计划、特色建筑计划、城市事件计划六大类计划，每一类计划中又分若干个小计划。之所以选取这六大类，是因为公园、滨水空间、街道等元素都是城市的基本语法，是市民日常公共生活的载体。在每一个计划里，又提出了若干个小计划，总的提出了近百个创意设想。我们针对每一项计划编码，对该计划的公共空间价值进行分析，同时会选取一个可实施的地点，明确创意设计构想和实施措施。这些计划类似一个工具包，可以去解决城市中类似的问题。

针对可达性缺失的问题，我们提出了“公园边缘柔化计划”，去除围墙和绿篱，使公园真正融入城市。如果所有的公园都能去掉围墙和绿篱，深圳将从免费的“有界公园”走向开放的“无界公园”，不仅对公园的价值，对整个城市的价值都是一种提升；河流暗渠的激活计划，旨在通过“暗渠明渠化、明渠亲水化”，促进城市生活由背河而居转向沿河发展，让水滨重新回归都市；边界共享的红线公园计划旨在打破小区围墙的隔离，打造通透创意的活动空间，甚至大胆地设想一些衰退的主题乐园比如锦绣中华能够打掉围墙，转换运营模式，变为向市民免费开放的古代建筑体验区。

针对功能性缺失的问题，我们希望通过设施的用途转换实现更多的公共空间，如将城市的边角地带转变为城市公园；城中村通过抽离部分建筑的方式，打造开放透气的庭院空间，实现高密度城中村的另类改造方式；一些滨海的旧村落通过改造，引入商业业态，打造滨海村落“慢生活”；工业建筑可以通过功能转换、白天与夜错时使用等方式实现活化；政府的一些储备用地，可以打造为丢沙子、玩泥巴的鲁迅笔下的“百草园”，让儿童远离电脑回归自然；再如废弃采石场、废弃矿山、污水处理厂的公园化利用，甚至多余的道路、消极的街道设施也可以通过创意化的设计转变为公共空间。

针对舒适性不足的问题，提出了“建筑物缝隙转变为公共空间”、“全天候风雨长廊”等计划。

针对社会性缺失的问题，提出了“城市空间变奏”的设想，将某一种功能的设施在特定的时间转变为另一种功能，从而实现城市地点与城市活动的结合。如市民中心节会，建议利用市民中心广场及书城屋顶广场在规定固定的时间作为露天市集，组织各类广场活动，举办各种城市活动和节会，丰富市民文化生活。通过露天市集和跳蚤市场的建设，可满足市民购买和交换物品的要求，成为城市的另一道风景，使市民中心真正成为市民的广场，体现市民精神。再如消极空间可做为建筑装置展、建筑灯光演出、自行车赛等。

实施——见微知著，知易行难

这个项目与以往的不同之处，还在于我们考虑了实施。点子、实施地点、策略三个方面包装在一起，才能真正形成一个具体的可实施的项目，还要考虑到这个项目的实施主体，是政府还是开发商，利益是否能够平衡等等。比如有的项目可能需要和规划许可相捆绑，将相关要求纳入新建项目的土地契约内来实现；有的项目需要和具体的更新项目相捆绑等等。因为趣城计划更偏重于行动和项目的落实，而非单纯的技术层面的研究，所以避免了计划内容经过法定规划“转译”的环节。

1. 大计划下的小目标

趣城有近百个计划，但我们并不是想把这些计划全部实施，翻天覆地做一个系统的工程，而是设想每年能够实施一到两个，做好了，在公共空间品质提升方面能形成一定的示范、带动作用，项目的目的就达到了。趣城提供的是一种全新的理念，我们希望通过趣城去影响政府、影响开发商。中国的非政府组织（NGO）并不发达，很多项目的实施主要是依靠政府，因此趣城的印刷成果主要送给了市政府和区政府的主要领导人，正是在盐田区政府的大力支持下，“趣城 · 盐田”项目才得以顺利实施。

2. 管理思路的转变很重要

很多自以为简单的设想实施起来却颇具难度，比如公园围墙不能打掉的原因，在于害怕承担盗抢的责任；滨海栈桥不能实施，在于害怕有人自杀。也许有时只需要转变管理思路，就可以实现更多有趣、方便的公共空间，比如城管和走鬼每天都在玩猫捉老鼠的游戏，是不是可以通过在固定的时间、固定的地点开辟露天市集或跳蚤市场来解决这一问题呢?

3. 规划预控和预留很重要

历史空间是一个城市无比珍贵的旅游资源与城市名片，保留了传统的生活模式和生活气息，是世界各地游客热衷于观光游览、体验别样城市氛围的地方。项目调研时，在地图上发现一些古旧老墟，但当到现场时，却发现它们已变为欧式建筑了，这样的遗憾让人唏嘘。深圳有很多地方，比如一些古村落，一些有特色的城中村，不属于文物，不属于历史建筑，也不在紫线范围内，但确实有保留的价值，必须提前保护，应在规划上进行预控和预留，明确不能大拆大建。

比如深圳东部有很多有价值的村落，大鹏半岛有价值村落共 23 个，可以串联这些村落，如鹅公岭村、鹤斗村、高岭村等，通过修旧如旧的方式加以整体包装，增加现代功能，打造为滨海村落慢生活的特色地点，为城市特色旅游增添新名片。

4. 利益平衡很重要

湖贝旧村是特区内为数不多的保留得比较完整的古村，保留了深圳最早期的建筑风格；南坊有些清代的建筑，内部还有一些祠堂和将军府。趣城计划希望在繁华的都市中保留一片这样低矮的、富有生机的区域，借鉴上海田子坊经验，将湖贝旧村打造为深圳的历史缩影；而开发商考虑到的是自身的利益最大化，设计方案是拆除后建设大型的 Shopping Mall。湖贝旧村是成为 95 个万象城中的一个，还是为罗湖留住唯一的岭南大型古村落，这值得思考。我们的城市并不缺 Shopping Mall, 但后者能实现的关键是利益平衡。一种是项目内平衡，湖贝旧村能够大规模保留，植入新的功能，打造为低尺度的空间，但允许该项目在其他地方拔高容积率；另一种是项目外平衡，即项目本身无法实现平衡，就必须在整个城市建立一种“肥瘦搭配”的利益机制，只有这些机制建立，才能真正保护好城市中的湖贝旧村们。

现实如石头，理想如鸡蛋，石头虽然坚硬，鸡蛋却蕴含生命。趣城计划旨在一点一点地改变城市，为城市增添一处处有意思的地方，一个个能给人愉悦的地方，可以是安静的、冥想的、嘈杂的、忙碌的、独特的、多元的……。也许，为熟悉的地方，添一分用心，加一分创意，就会有最动人的美丽风景！

浅议趣城规划运营策略

文 / 梁司青　深圳市城市规划设计研究院创新中心副主任

“趣城”是深圳市规划国土资源委员会于 2011 年发起的一项计划，由时任城市设计处处长张宇星提出，短短几年的时间从创意到实施，撬动了政府、企业、设计师、公众等多方资源，润物细无声地影响了深圳这座城市的气质。笔者有幸参与和见证这一历程，简单回顾一下“趣城”的规划运营策略。

发起背景

笔者认为,“趣城”诞生的背景,首先离不开深圳两个“趣”的积累。

一是“趣阶层”。2008 年 12 月 7 日，深圳加入联合国教科文组织全球创意城市网络，成为中国第一个、全球第六个“设计之都”，也是发展中国家中第一个获得这一荣誉称号的城市。这意味着深圳在此前二十多年时间里，聚集了大量有创意思维的企业家、知识分子、设计师、艺术家、社会活动家、学者型官员，他们都有一个共同的特质，追求创新、个性和趣味，是一个能够给城市带来许多惊喜的“趣阶层”。

二是“趣场”。深圳有发达的创意设计产业，全市拥有各类工业设计机构近 6000 家，斩获国际 iF 设计大奖、红点奖总数位居全国之首。以城市 / 建筑为主题的深圳双年展经过近十年的运作，已蜚声国际。深圳寸土寸金，却拥有广阔的城市公共环境，公园达 900 多个，是全国公园数量最多的城市。同时随着后工业时代的到来，大量遗留的旧工业区转型升级为创意文化园，例如华侨城创意文化园、蛇口的价值工厂。此外，由于市政府的重视和支持，先后出台了系列创意设计产业规划、发展意见和扶持政策，营造了相当强大的“趣场”。

其次是实施单一品牌战略。回顾趣城计划六年的发展历程，“趣城”既是计划的名称，也是所有子品牌共享的单一品牌名称。经过几年的传播已形成良好的积累，成为该计划最大的品牌资产，其核心价值包括两点：“趣设计”和“趣体验”。前者是采用针灸式疗法，把有趣味的“点”散布在城市各个角落，使城市变得更加生动；后者是市民在城市里体验到更多的趣设计，享受到更高品质的城市生活。

最后是体现公共价值。城市建设与发展的一切核心是人，人们聚集到城市，是为了过美好的生活，趣城计划最终目的也是为了让趣味充盈人心。它以公共空间为支点，以广大市民为受众，由政府或企业、社会组织或个人开发、设计、制造和供给，作为为全社会、为公众服务的公共产品，其策划和实施过程体现了公共性和公众参与性、社会层面性、可操作性和可实施性等，无一不是公共价值的特征。

整合策略

趣城的整合策略与具体项目实施密不可分，它着重于社会资源的开发和利用，通过人力、物力和财力资源的筹措与安排，将品牌定位和价值转化成现实。其中，渠道策略和推广策略发挥了很大作用。

渠道策略

通过多种形式与多家机构建立了广泛深入的合作。其中，以深圳市规划国土和资源委员会、盐田区政府为主的政府部门为自有渠道，深圳市城市规划设计研究院、深圳市规划国土发展研究中心、深圳市城市设计促进中心、《城市·环境·设计》(UED)杂志社、中国建筑中心、南沙原创等企事业单位为依托渠道；政府宣传平台、纸媒和网媒为传播渠道。多渠道联合实施的机制，有效地利用了各家渠道的资源和优势，更好地开展多种主题活动，推进计划实施落地。例如，《趣城 · 深圳美丽都市计划》联系了政府、开发商、专家、设计师、艺术家、非政府组织，组织了 100 个地点的实地勘察，举行了 5 场咨询会，共同对城市公共空间提出设计创意。其中《滨水空间的保护与发展项目》由深圳市政府牵头，税务部门、交通部门、规划部门联合实施。《趣城 · 盐田计划 2013-2014 年实施方案》委托深圳市规划发展研究中心编制，动员了建筑师、艺术家参与。2013 年，有 12 个设计方案在深圳盐田区陆续实施。2016 年与深圳盐田区政府、CBC 建筑中心联合发起的国际竞赛收到来自国内外的 143 份参赛作品。《趣城 · 深圳城市设计地图》项目建立编纂委员会，成员来自相关政府单位负责人、行业协会负责人、行业专家、社会名流、公共知识分子等。趣城 · 深圳建筑地图通过公开征集的方式，获取了跨越深圳 10 个区 6 万余项建筑资料。由趣城发起人担任总策划，光明新区光明街道办主办，深圳市城市规划设计研究院、南沙原创及其他设计集群组成“趣城光明联合团队”，在逕口社区发起了一场“中国再乡村实验”，尝试用智慧、创意的方式，去提升生产、生活和生态。

推广策略

宣传方面：采用政府宣传平台、大众平面媒体、专业媒体、网络新媒体等多种传播渠道相结合的策略，使得趣城计划引起了业内极大关注，内容获得多家媒体平台的报道及出版。深圳规划国土委、各区政府的官方网站发布权威消息，深圳当地的深圳报业、深圳商报、南方都市报、深圳新闻网以及多家全国性媒体、UPDIS 共同城市、CBC 建筑中心、规划头条等新媒体则从多角度持续跟踪报道，《城市·环境·设计》(UED) 杂志社、网易艺术频道制作大型专题报道，全方位展示趣城计划的全貌和实施进展。

活动方面：2014 年 12 月与深圳市城市规划设计研究院联合举办“趣城 · 艺造城市论坛”，邀请艺术家、规划师、建筑师、文化机构和知名企业代表，围绕“艺术家如何介入城市”“艺术创造城市”两个主题进行深入探讨，为致力开展艺术项目的企业及从事城市艺术创作的艺术家提供共同协作的平台，促成艺术家介入城市公共空间的创造，参与趣城系列项目实施；2016 年 1 月起与盐田区政府、中国建筑中心共同主办“趣城计划 · 深圳美丽盐田”为主题的“趣城计划国际设计竞赛”，面向国内外建筑、景观、艺术设计等相关设计机构及从业者发起征集，从具体的场地入手，填补城市微观层面设计和研究的不足；5 月举办“趣城计划美丽盐田系列作品展”，直观、真实地展现竞赛作品，为盐田区的城市管理者、设计师、市民之间搭建一个合作交流的平台，同时也让更多的市民参与其中，引发公众对城市建设的关注，为盐田城市环境提升提出更多可行性方案。

结语

趣城是一个政治与经济空间形成的过程，而非建成项目。计划虽小，见微知著，政府、社会、市民三大主体达成合作，可以促进社会政治、经济、文化精神的和谐发展。它改善了更多个人居住空间，创造了具有吸引力的活跃公共领域，受到市民的喜爱。

“城，所以盛民也。”趣城如是。

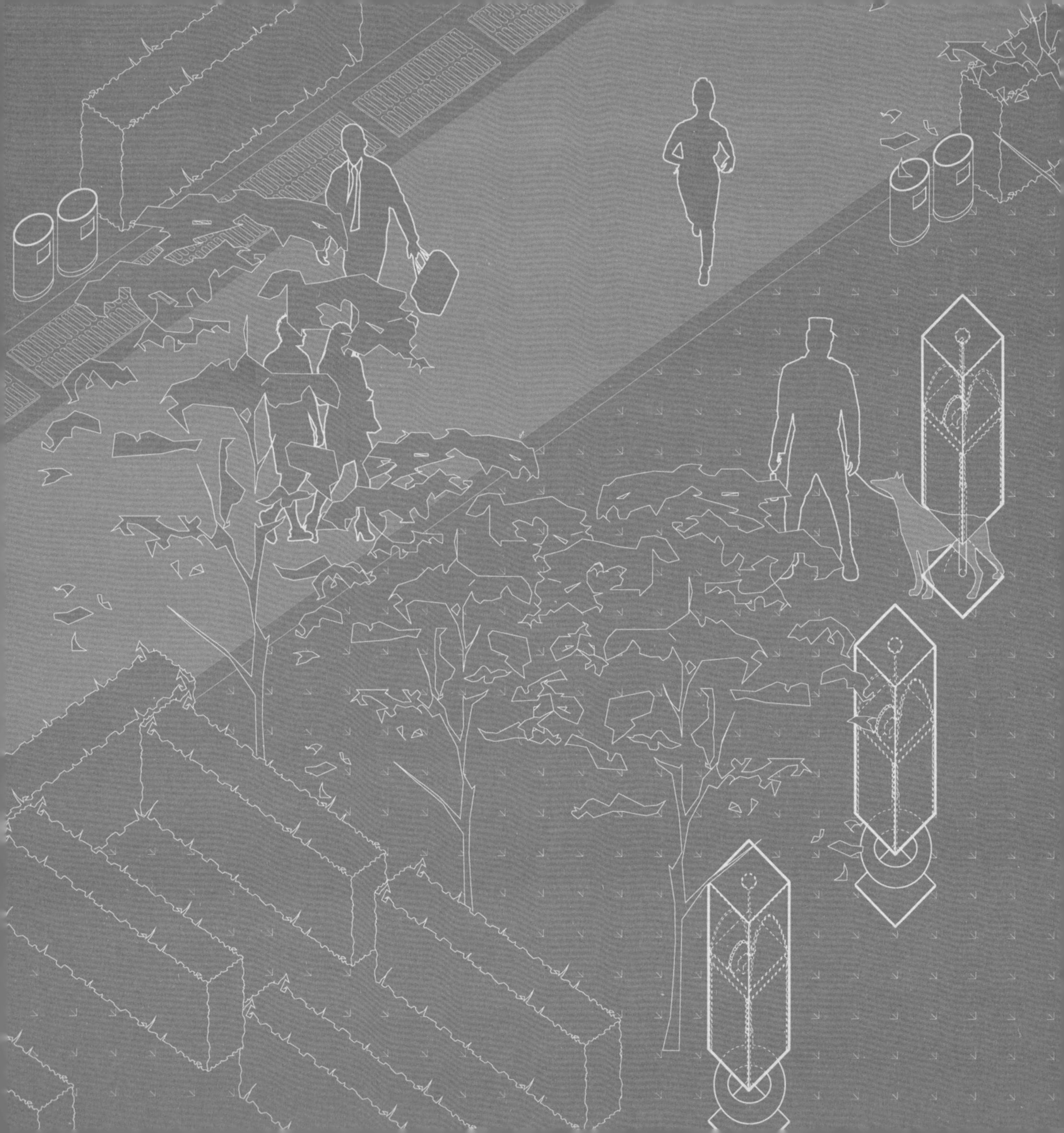

Q

CONSTRUCTION

趣造 身体力行

深圳的回归

深圳从工业化注重生产的城市回归到人性化注重生活的城市，主要策略是复制世界城市中成熟的公共空间案例。

深圳的远见

深圳作为先锋城市探索独特的公共空间，作为世界大城市的示范，主要策略是采用创新手段创造“新城市空间”。

新的未来需要新的创意——关于“趣城·深圳”实施计划

今天比以往任何时候更加迫切需要改变深圳所面临的城市发展途径。这次变化不仅仅只是口号或宣言，而是行动方式的本质改变。深圳需要新的创意、新的行动，以应对城市之光的暗淡，应对市民对公民社会的渴望，对城市人性维度的公共空间的需求。

设想

在深圳选取独特的地点或空间，通过创意性的城市设计，激发和提升城市空间的活力和吸引力，加强城市设计的质量，提升城市设计的效力，以点带面，促进城市整体环境品质的提升。

组织

现状调研 + 案例收集 + 公众咨询

通过市区内 100 多个地点的实际勘察、召开相关专家咨询会以及网上公众咨询和创意设计等方式，政府和市民一起行动起来共同塑造城市，设计深圳的公共空间。城市公共空间的改造意向，由生活在其中的人所提出，然后由专业的设计人员再设计，市民、设计人员和政府职能部门的合作是本项目的灵魂。希求能实现市民的创意想法、技术人员的专业技术、政府职能部门的自由沟通之间的无缝衔接。

路径

我们的路径可以归纳为：现状资源—问题—经验—计划—策略。

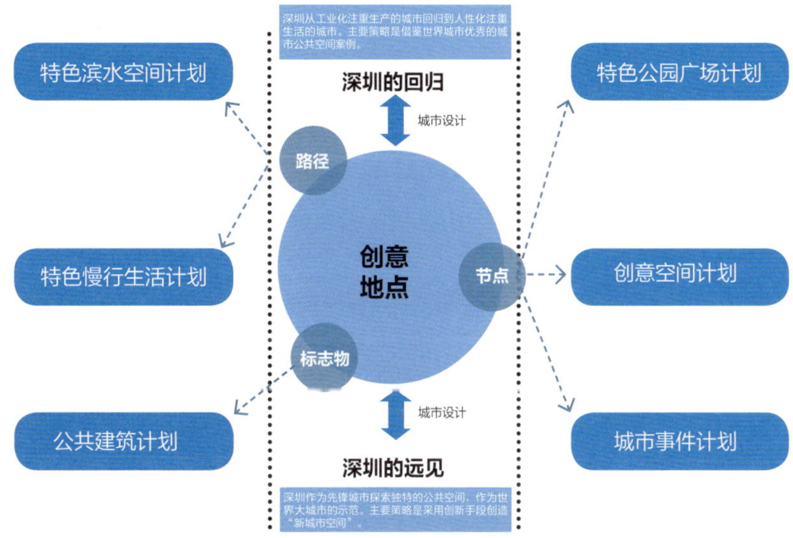
深圳从工业化注重生产的城市回归到人性化注重生活的城市。主要策略是借鉴世界城市优秀的城市公共空间案例。
深圳的回归
城市设计
特色滨水空间计划
特色公园广场计划
路径
创意
地点
节点
标志物
特色慢行生活计划
创意空间计划
公共建筑计划
城市事件计划
城市设计
深圳的远见
深圳作为先锋城市探索独特的公共空间，作为世界大城市的示范。主要策略是采用创新手段创造“新城市空间”。

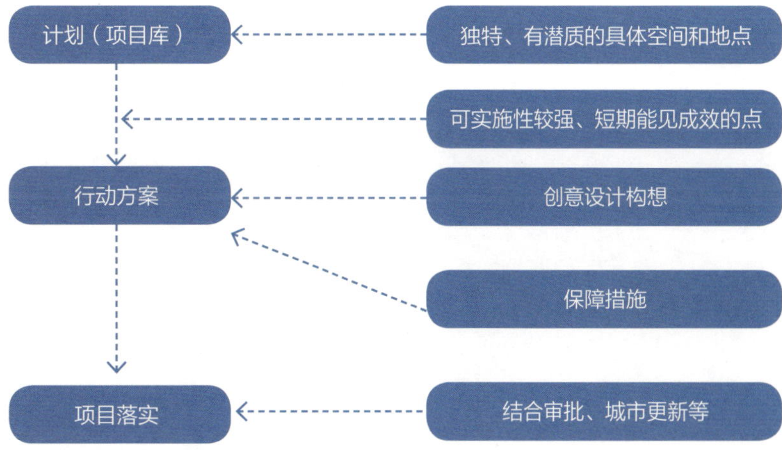
计划（项目库）
独特、有潜质的具体空间和地点
可实施性较强、短期能见成效的点
行动方案
创意设计构想
保障措施
项目落实
结合审批、城市更新等

趣城

·

深圳美丽都市计划

《趣城 · 深圳美丽都市计划》由深圳市规划和国土资源委员会委托，深圳市规划国土发展研究中心承担，邀请深圳市都市实践设计有限公司合作参与。

目的是以城市公共空间为突破口，采用针灸式疗法，营造一个个有意思、有生命的城市独特地点，形成人性化、生态化、特色化的公共空间环境，通过“点”的力量，创造有活力有趣味的深圳。在公共空间体系方面形成了公园广场、滨水空间、街道、创意空间、特色建筑、城市事件六大类计划，100 多个创意地点。

趣城初探

文 / 毛玮丰 深圳市规划国土发展研究中心高级规划师
韩 娇 深圳市规划国土发展研究中心高级规划师
李怡婉 深圳市规划国土发展研究中心高级规划师
叶 媛 深圳市规划国土发展研究中心规划师

这个世界一直在快速变换着追求美好城市的眼光，从一味顺应汽车的城市到“人性化的城市”。聚会、交流思想、购物，或者简单放松和享受自我是人类的基本需求，一个好的城市应满足人类的基本需求。未来城市与城市的竞争，将因生活环境品质而见高下。全世界的城市都在塑造美好的空间环境，变得激情而有魅力，如巴塞罗那、哥本哈根、纽约、中国台北。20 世纪 80 年代起，巴塞罗那采用“针灸疗法”，对公共空间进行“碎片式”重塑，彻底改善城市面貌和市民生活质量。哥本哈根通过给城市打“步行分”，强调步行和自行车，复活了汽车社会之前那种步行城市氛围。它们都是当代城市，具有稳固的经济实力，大量的人口和多样化的城市功能，这些城市对城市发展有共同的理解，就是城市必须通过设计来邀请人们参与更多的城市生活。

经过三十年的发展，当我们骄傲于城市的光鲜亮丽和宏伟气派时，也深深地遗憾于宏大叙事背后欠缺的人文关怀。我们有宽大绿化带的深南大道，但是只是车辆的通道，而非适合人行走的道路；深圳标志性建筑，市民仅仅是路过；河流仅承担排污功能。2011 年 3 月，深圳首次召开大规模专题性城市发展工作会议，出台了《中共深圳市委、深圳市人民政府关于提升城市发展质量的决定》，对城市品质、公共空间环境提出了更高的要求。从深圳速度走向深圳质量，也许比以往时候更需要新的创意、新的行动，在城市中营造出一个个有意思、有生命的场所，来邀请人们参与更多的城市生活。《趣城 · 深圳美丽都市计划》理念在于以城市公共空间为突破口，采用针灸式疗法，打造一系列有特色有魅力的城市独特地点，形成人性化、生态化、特色化的公共空间环境。通过“点”的力量，带动城市空间品质的提升，创造有活力有趣味的深圳，目的旨在宣扬好的城市理念。不是针对传统景观轴线等城市视觉形象的设计，而是注重对城市活力地点的塑造。借鉴国内外成功案例，结合深圳自身特色，《趣城 · 深圳美丽都市计划》正在探索一条实践城市人性化公共空间的新路径。形成了特色公园广场计划、特色滨水空间计划、街道慢行生活计划、创意空间计划、特色建筑计划、城市事件计划共六大类计划。为了实现公共空间可达性、功能性、舒适性、社会性，提出了一系列设想和措施。为熟悉的地方，添一分用心，加一分创意，就会有最动人的美丽风景！

项目内容

1. 目的

以城市公共空间为突破口，采用针灸式疗法，打造一系列有特色、有魅力的城市独特地点，形成人性化、生态化、特色化的公共空间环境，通过这种“点”的力量，带动城市空间品质的提升，创造有活力、有趣味的深圳。

2. 内容

形成了特色公园广场计划（24 个小计划）、特色滨水空间计划（16 个小计划）、街道慢行生活计划（21 个小计划）、创意空间计划（12 个小计划）、特色建筑计划（10 个小计划）、城市事件计划（6 个小计划），共六大类计划、近百个地点的创意设想。针对每个小计划，均开展了公共空间的价值分析，并在深圳选取具体的落实地点，明确其创意设计构想和实施措施，作为该类计划实施的范例。在计划的基础上，提炼出近期可实施性较强、短期能见成效的 12 个项目，形成“趣城 12”的专题报告提交市政府。

3. 工作过程

对全市 100 多个地点进行了实地勘察调研，召开多场专家咨询会，与政府多个部门及部分开发主体进行了多次座谈。设立了公众参与的网站，开展了面向全社会的“创意 · 地点”征集活动。希望政府、市民一起行动起来共同塑造城市、设计深圳的公共空间。

创新与特色

1. 有别于传统城市设计的以人为本的一次尝试

直接从具体的场地入手，填补城市微观层面设计和研究的不足。通过对城市特定生命体——“穴位”，采用小尺度介入的方式加以控制和引导，激活其潜能，带动邻近地区的发展，从而促进整体城市面貌的改善。

更偏重于行动和项目的落实，避免了城市设计内容需经过法定规划“转译”的环节。计划中提出的地点、案例和策略，是可以通用的，类似一个工具包，可以针对城市中相似的问题提出治疗方法。

2. 公共空间实施途径的创意探索

为实现公共空间的可达性、功能性、舒适性、社会性，提出了一系列设想和措施。

例如：针对可达性的问题，中心公园边缘柔化计划提出去除围墙和绿篱，设计多处入口，使公园能够真正融入城市；河流暗渠的激活计划提出通过暗渠明渠化、明渠亲水化的改造，丰富沿河活动节点，增加市民亲水空间；边界共享的红线公园计划旨在将封闭隔离的围墙转变为通透创意的活动空间，甚至大胆地设想一些衰退的主题乐园变为公共空间，如锦绣中华将来能够打掉围墙，成为免费的古代建筑体验区。针对功能性的问题，提出了通过设施的用途转变实现更多的公共空间，如废弃采石场、污水处理厂的公园化利用。

思考城中村的小尺度改造方式，通过抽离部分建筑的方式打造开放透气的庭院式空间。甚至多余的道路、消极的街道设施都可以通过创意化的设计转变为公共空间；针对舒适性的问题，提出了建筑物缝隙转变为公共空间、全天候风雨长廊、城市廊桥等计划；针对社会性的问题，提出城市空间变奏的设想，将某一种功能的设施在特定的时间转变为另一种活动功能，从而实现城市地点与城市活动的结合，如消极空间建筑装置展、滨海大道自行车赛、市民中心节会等。

3. 城市设计与政策手段的紧密结合

针对每个计划均提出实施的手段和针对性策略。如：计划设想在法定图则落实；结合单个项目的规划许可落实；结合城市更新项目、土地整备项目落实；结合年度计划落实；通过容积率奖励、土地使用期限延长等政策优惠手段鼓励业主自行实施；

纳入新建项目的土地契约内实现；通过单元内局部拔高容积率、功能改变、肥瘦搭配等方式平衡利益来实现；通过社会认养、冠名权等方式鼓励社会主体参与等等。

实施情况

1. 计划中的部分项目成为相关规划的重要内容

部分项目已经纳入龙华新区、宝安区综合发展规划及相关规划。如龙华新区综合规划将有轨电车计划、大脑壳山山体体验计划、观澜河打造计划等作为重点项目实施；宝安综合发展规划将西部滨水休闲带计划等作为区域重要轴线进行打造。

2. 计划中部分项目正结合具体建设项目付诸实施

计划提出的博物馆群计划，福田区政府正在进行国际招标。湖贝旧村原规划涉及方案是拆除后建设大型的 Shopping Mall，由于本计划提出了保留湖贝旧村中岭南建筑风格，打造繁华都市中深圳历史缩影的计划，在方案审查过程中，规划主管部门要求开发商对该片区的规划进行重新考虑。康佳改造方案中，我们要求其结合华侨城创意园区，打造一条低尺度低密度的街区，同时建议其通过局部拔高容积率的方式平衡利益。

3. 延续性的年度课题《趣城 2013—2014 年实施方案》已经完成

项目组已经完成趣城的后续课题——《趣城 2013—2014 年实施方案》，计划与区政府、城管、地铁公司等进行合作，推进项目库内计划的落实。在项目库中选取若干试点，开展深化工作并纳入区财政计划，推进计划的落实。

公共空间体系 6 计划

节点	1. 特色公园广场计划	山体体验——深圳桃花源 边界共享的红线公园 污水处理厂公园化利用 公共建筑屋顶开放花园 城市“百草园”
	2. 创意空间计划	主题公园开放 街道设施艺术化
	3. 城市事件计划	创意地点征集活动 后海建筑灯光演出
路径	4. 特色滨水空间计划	后海建筑灯光演出 观海生态景观道 滨海村落慢生活 观海栈桥
	5. 街道慢行计划	建筑退线区的生活化 特色节日步行街 专用自行车（赛）道
标志物	6. 特色建筑计划	特色临时建筑 生态建筑示范

NODE
节点

特色公园广场计划

文 / 毛玮丰　深圳市规划国土发展研究中心高级规划师

让城市多一些自由吐纳呼吸的“露天客厅”

与垂直方向相比，城市中最紧缺的资源是平面空间。公园广场的本质在于它是一个“露天客厅”，可以提供自由吐纳、呼吸、交流、聚会、放松身心的空间，成本较低，也许比大型项目的建设更能为城市带来可持续发展的动力。

新加坡之所以被誉为花园城市，不仅是因为大量的绿化，还有各种各样的主题公园以及连接公园的廊道系统；纽约中央公园之所以成为重要的城市名片，在于其并不仅是人与自然交流的空间，还是能够为市民提供优质活动的空间。

在欧洲，城市客厅是城市中不可或缺的组成部分，设施齐全、尺度小又极富人情味，一切的伟大或平庸，都能在广场生活中找到答案。对于意大利人而言，如果一座城市没有公园广场，是件难以想象的事情，城市再拥挤也要“抢”出广场。而法国新奥尔良杰克逊广场可以把一个绞刑地点变为平凡城市中的神奇之处。在波特兰，公园似乎无处不在。

公园多，免费公园多，已成为深圳的一大特色，但很多公园被大门围墙隔离，市民可以休闲，却无法共享，环境优雅、郁郁葱葱，但功能相对单一；而广场有时过于追求规则的几何形状和对称，缺乏遮风挡雨的设施，市民不愿亲近。

一个城市的公园或广场，已成为市民精神的一种象征，深圳在公园广场建设方面，在规划、管理之外，也许应该有更多的思考，比如：从有界的免费公园走向无界的开放公园；利用更多的城市闲置或废弃空间，打造无处不在的广场，在繁华的高楼大厦和车水马龙中，多一些惬意散步的老人、呢喃相依的恋人、嬉闹玩耍的儿童……

山体体验 —— 深圳桃花源

置身于德国黑森林中，你可以徜徉在河溪轻流间，或躺卧在河谷坡地上，仰望天空，仿佛与自然融为一体；或者散步于散落的大大小小的村镇，抑或在那住上一两天，用最古朴的生活方式，远离城市的喧嚣。

深圳大部分山体是一种日益消极的保护，破坏性开发造成人文自然资源破坏。深圳要建设“山海城市”，必须进行主动规划，精明保护，以保护性开发为主，打造生态地标，建设名副其实的“山海城市”。

深圳马峦山位于坪山新区，通过保护自然山水格局，恢复和保护植被，因地制宜，适当增加服务设施，充分挖掘科普资源、文化资源等措施，将青山绿水作为城市的重要资本，发挥自然资源的价值，让马峦山成为深圳真正意义上的国家森林公园。充分利用马峦山“山海、溪湖、古村、田园”等特殊自然资源，丰富山体功能，整理并修复古村落，配合传说、故事等宣传，将马峦山打造成为一年四季都受人们喜爱的世外桃源。春天，林间鲜花盛开；夏日，树木遮天蔽日；秋季，满山色彩烂漫；冬日，暖暖阳光普照。

闲暇的时光，远离城市的喧嚣，投入马峦山的怀抱，闭上眼睛，深吸一口空气，好香，好甜。让自然的按摩师，驱散一天的疲劳，洗涤心灵的尘埃。世外桃源也不过如此吧。

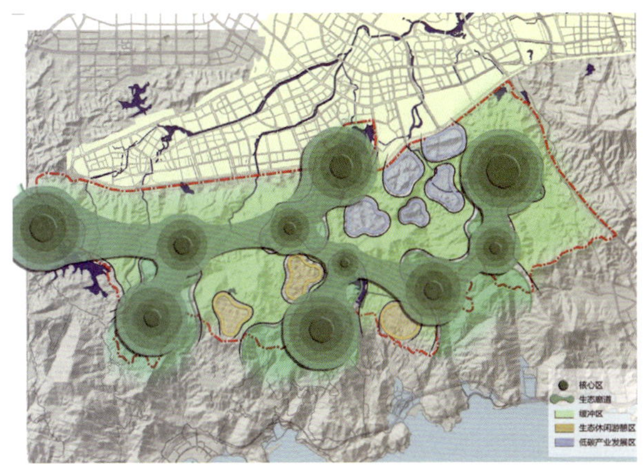

城市设计措施：在保护自然山水格局、恢复和保护植被的基础上，因地制宜，适当建设服务设施，充分挖掘科普资源，青山绿水作为城市的重要资本，发挥自然资源的经济价值。

深圳试点项目：马峦山、梧桐山（结合“深圳市梧桐山国家级风景名胜区总体规划”开展相关改造措施）

公共空间价值分析：深圳大部分山体是一种日益消极的保护，破坏性开发被消极保护造成人文自然资源破坏。深圳若要建设“山海城市”，必须进行主动规划，精明保护，以山体的保护性为开发中心，打造生态地标，建设名副其实的“山海城市”。

设计构想：在重视山体的“保护性开发”的前提下，结合马峦山“山海、溪湖、古村、田园”等特殊自然资源，丰富山体功能，整理并修复古村落，配合传说、故事等进行宣传，打造深圳的桃花源，拉进马峦山与坪山中心区之间的关系。

实施措施：目前，深圳市规划和国土资源委员会已编制了《马峦山生态保护与发展规划研究》。建议由坪山新区管委会结合坪山中心区城市发展单元推进实施。

参考案例：德国黑森林

森林中，河溪清流，河谷坡地上，散落着大大小小的村镇。春天，林间鲜花盛开；夏天，树木遮天蔽日；秋天，满山色彩烂漫；冬天，白雪覆盖群山。一年四季，黑森林都是人们休闲度假的好去处。黑森林是独具特色的传统工艺布谷鸟钟的历史传承、浪漫经典的童话传说《白雪公主》《灰姑娘》故事的发生地、充满含义的股市场所通过交通积聚人气，以政府开发为主体。

边界共享的红线公园

让围墙“活”起来

近 30 年来，深圳城市建设以前所未有的速度急剧扩张。在既有土地出让方式的前提下，高强度的开发模式得以延续，并在从港台舶来的“封闭社区”的精致包装下，遍地开花蓬勃发展。城市成为一个集体争相围地的战场。在每一个“小区”的外围，即各个开发项目的用地红线上（或红线的退后线上），围墙坚决地界定了私有领地和城市公共空间的界面。

围墙城市是一个个孤岛的集合，孤岛里是私有化的资源（道路、景观、绿化等），孤岛之间是被压迫到窘境的服务于大众的城市公共空间。缺少公共空间的城市磨炼着人们的创造性和适应性，倚着电线杆可以休息，马路牙子可以稍坐片刻，人行道上可以锻炼身体，小孩子们无限渴望每星期一次去公园的机会……

通常用地红线周边数米的范围不可以被占用，只能用作绿化或者硬质铺装，为未来道路拓展留下余地，红线公园由此而生，用地红线成为红线公园的基地。在城市的尺度上，基地的占地是 0 m^2，在此条件下，草根般的生长却可以遍布整个城市，星星之火可以燎原。

红线公园是由模数化的单元构成，也可以量体定制。单元的设计是开放的，但每个单元都着相同的关键词：可回收的、可变化的、预制的、环保的、通透的、可占有的、经济的、互动的。

红线公园亦是变废为宝的手段，小区周边浪费的空间成了家门口的公园；废弃回收的物品是公园的建筑材料；汽车的轮胎摇身变作秋千；回收的水管组装成水乐园；多余的安全帽变成天然的花盆；锅碗瓢盆组合成打击乐队；废旧自行车内胎变作杂志陈列架……用这些单元去置换现有围墙的单元就有了红线公园。红线公园是线性化了的传统公园，包括公园应有的休息、玩耍、健身、文化、社交、绿化、服务等各项功能，但每个单元体又都是可以穿越的。变成公园的墙不再是内外的阻隔，从此封闭社区被开放。

设想未来的城市，每个住区的外面都是公园，小朋友们不用等到周末就可以去公园；累了的路人可以随处坐下休息；退休的老人可以随时找到下棋、遛鸟、聊天的去处；带着疲倦回家的人们可以顺便放松紧张的神经；热爱健身的人们可以就近一试身手……公园成为每个人生活的一部分，而不再是地图上几块抽象的绿色。

红线公园将围墙城市变成开放城市，城市进入孤岛，孤岛融入城市。断裂的城市肌理被新的网络连接起来。因私有化而低效利用着的资源（道路、景观、绿化等）变为城市共享。岛民们从此成为开放城市的公民，充分利用的城市资源使承载集体生活的城市更具有可持续性。红线公园是愉悦的、狡黠的、大众的、自发的、富于“传染性”的。

城市设计措施：利用植被的重新铺设改造、社区安保系统的提升等方式，将社区边界生硬的围墙弱化，形成公共空间及公共步行通道；邀请设计师和艺术家与居民一起进行设计，在保持相似风格的基础上，体现不同居民对城市公共艺术的理解和追求，在设计要点中可以提出相关意见。

深圳试点项目：香蜜湖片区、景田片区等，在全市范围内可以通用。

公共空间价值分析：一方面，都市人性化公共空间紧缺，比如公园稀缺；另一方面，封闭小区的围墙不但占用了大面积的宝贵空间，而且割裂城市肌理，严重地降低了城市效率。通过这一改善，增强实现穿透性的同时，增加社区级别的公共空间。

设计构想：将红线上的围墙逐步改造成线性的公园单元系统，由设计师、手工匠人和小区的普通居民共同谋划合力完成，鼓励小区的居民自发改造属于自己的社区。红线公园开始于围墙，其隐含的使命却是墙的消除，墙内的道路、景观、公共设施等能够为全体市民共享，成为市民乐于前往活动的社区级别的公共空间。

实施措施：在新建小区中推广，在报建时提出相关要求，可通过适当降低小区绿化率的方式予以鼓励。已建建筑，鼓励业主自行申报或业主间协商建设。

参考案例：红线公园

将红线上的围墙逐步改造成线性的公园单元系统，由设计师、手工匠人和小区里的普通居民共同谋划合力完成，鼓励小区的居民来自发地改造属于自己的社区。红线公园开始于围墙，其隐含的使命却是墙的消除、墙内的道路、景观、公共设施等能够为全体市民共享，成为市民乐于前往活动的社区级别的公共空间。

污水处理厂公园化利用

在复合功能利用中，拓展城市休闲的空间

城市污水处理厂在改善城市生态环境、节约水资源、提高人民生活质量方面发挥了巨大的作用，也成为城市不可或缺的市政、环保基础设施的重要组成部分。但是，目前绝大多数的污水处理厂都是地上式的污水处理厂，占用了大量宝贵的土地资源，并且受到处理工艺的限制，很难与周边的环境相协调。其产生的臭味、噪音让周边的居民敬而远之；其占用大量的土地资源（除污水厂自身占地外，还需要提供一定的绿化及隔离带用地）、与自然景观不协调等问题都影响了周边的土地利用，使之成为城市的消极空间。

污水处理厂公园化利用就是以污水处理厂为例，通过新建、改建市政、环卫等基础设施，改造成为拥有建筑小品、雕塑、绿化、道路、水景、健身器件等适合人们休憩、观赏的场所，提供休闲的驿站。可结合福田污水处理厂开展污水处理厂公园化利用的探索。

福田污水处理厂位于深圳市中心城区核心地区，区位条件优越。邻近深圳湾红树林，环境景观要求较高。

福田污水处理厂应以生态化建设为原则，整体空间以绿化为主，大部分工艺设施宜布置在地下或半地下，成为地下式的污水处理厂。通过对污水处理厂上盖的利用，重新进行多层次的绿地景观设计，可以利用水净化过程将公园一个区域打造成富有教育意义的水资源循环再利用的展示和科普的花园。

福田污水处理厂的公园化利用可借鉴台北市迪化污水处理厂的设计，将污水处理厂与体育场馆结合起来。污水处理占地面积 7 公顷，其污水处理厂绝大部分设施都建在地下，地面上营造了 4.6 公顷的休闲公园，拥有露天篮球场、网球场、旱冰场、儿童游戏区和温水游泳馆。其主要的设计理念是，资源可循环再利用。水厂地面公园的花木灌溉、场地清洗以及公共洗手间的清洁都使用处理过的循环水。另外，净化污水剩下的污泥处理产生沼气，作为温水游泳馆锅炉的燃料。

污水厂等市政、环卫设施的地下化及“零”影响利用是未来生态化城市、智慧型城市的大趋势。在科学复合利用的前提下，能够更加节地，为人民创造更加优美的生活环境。

城市设计措施：经污水处理厂通过城市设计和配套实施计划建设成拥有建筑小品、雕塑、绿化、道路、水景、健身器件等适合人们休憩、观赏的场所。

深圳试点项目：中心公园内福田河段、福田污水处理厂、布吉河污水处理厂等。

公共空间价值分析：消除污染问题，给城市的居民带来便利，同时减少了占地，美化了城市环境，有利于城市生态系统的构建。

设计构想：水资源循环再利用的展示、科普，污水处理厂上盖后，大片绿地重新进行过层次的景观设计，可以利用水的净化过程，建设污水净化过程的展示区域，将其打造成赋予教育意义的花园。

实施措施：按照已完成的《福田污水处理厂上盖公园景观设计》，建议由政府主导，推进该方案的落实。

参考案例：台北污水厂花园

台北市迪化污水处理厂占地面积 7 公顷，其污水厂绝大部分设施都建在地下，地面上营造了 4.6 公顷的休闲公园，拥有露天篮球场、网球场、旱冰场、儿童游戏区和温水游泳馆。其主要的设计理念是资源可循环再利用。水厂地面公园的花木灌溉、场地清洗以及公共洗手间的清洁都使用处理过的循环水。另外，净化污水剩下的污泥处理产生的沼气，作为温水游泳馆锅炉的燃料。

公共建筑屋顶开放花园

自然生态式体验

随着城市大型建筑的增加，伴随着的是大块的绿地面积锐减，相应的环境条件愈加恶化，致使人们对环境的关注和重视达到前所未有的程度。因此，可看到在城市的发展建设过程中，都充分利用各块绿地，增加绿地面积，“见缝插绿”。即便这样，还是达不到人们预期的目的。近年，国外许多公共建筑开始营造屋顶开放式花园，既让死气沉沉的屋顶生机盎然，也成了最具发展前景的恢复绿地、增加公共开放空间最有效、最直接的措施，因此而被广泛应用。

日本的难波公园，一处位于大阪传统热闹商业区的现代建筑，并非传统意义的公园，其实是一个购物中心与办公楼的综合体。从远处看去，难波公园是一个斜坡公园，从街道地平面上升至 8 层楼的高度，层层推进、绿树茵茵，仿佛是游离于城市之上的自然绿洲，与周围线形建筑的冷酷风格形成强烈对比，成为嘈杂背景下的一处生动、温馨的街景。

公共建筑屋顶花园的规划设计，使屋顶的自然生态环境与城市总体生态环境融为一体，城市文明延续与生活环境文化融合。在楼顶隔热防水层上培育一层植被，不仅可以扩大绿化面积，拓展城市“绿肺”，也可以提供新的休息场所，提高人们的生活质量；不仅可以依靠屋顶植物截留部分降水，减轻高强度降水对城市防洪排灌系统的压力和冲击，还可以为建筑顶层免去一些冬冷夏热的影响。

人们建设一栋楼房等于销毁一块绿地，我们只要把屋面建成屋顶花园的形式，就能把减少的绿地挽救回来。不但美化了生活，还给城市增添了一分活力。

城市设计措施：在更多的地方栽种更多的植物，使城市更加宜居。

深圳试点项目：赛格片区、大冲村改造、华强北茂业、海岸城等大型公共建筑

公共建筑屋顶开放花园试点——赛格日立彩电工业区改造

设计构想：提出“屋顶绿化”的要求，增加该片区的绿化覆盖率，增加屋顶花园的可达性，使并非逛商场的市民也能方便、快捷地到达屋顶，享受此处的绿化空间，使人们可以通过该屋顶，从莲花山公园连通笔架山公园。

实施措施：在该片区城市更新改造方案中予以落实。

参考案例：日本难波公园

日本大阪的难波地铁站边上的难波公园是一个办公和购物的综合中心。在公园下面，是一个峡谷般的通道通往一些专卖店、娱乐城和餐饮中心。这里的“空中花园”种植了不少漂亮的花草植物，植物每天成长，每天都在改变建筑的样子。

城市“百草园”

给孩子留下一些“百草园”式的快乐空间

“不必说碧绿的菜畦，光滑的石井栏，高大的皂荚树，紫红的桑椹；也不必说鸣蝉在树叶里长吟，肥胖的黄蜂伏在菜花上，轻捷的叫天子忽然从草间直窜向云霄里去了。单是周围的短短的泥墙根一带，就有无限趣味。油蛉在这里低唱，蟋蟀们在这里弹琴”。这就是鲁迅先生童年时的乐园“百草园”。其实，让先生回味无穷的“百草园”，实际上只是一块泥地而已，想必当时的“百草园”给了先生童年太多美好难忘的回忆，所以先生日后对此念念不忘。其实今天，我们仍需要“百草园”。

如今的孩子住的是“火柴盒子”，出门看到的是鳞次栉比的高楼大厦、川流不息的车水马龙，玩的是电子游戏。随着城市建设的推进，户外的绿地和公园有所扩大和增加，但都是正儿八经的草坪、花坛，人是不可以踏进去一步的。过去孩子们常玩的滚铁环、抽陀螺、捉蟋蟀、官兵捉强盗等传统游戏早就销声匿迹了，这是城市发展的必然还是文化传承的断层。但城市再怎么扩张，是否能给孩子留下一些“百草园”式的快乐空间呢?

对政府储备用地采取“放任、不管”的态度，打造堆沙子、玩泥巴等最原始的儿童游戏场地，同时增加一些人造怀旧园林景观，使之成为具有野趣的开放式公园。

为孩子保留几个“百草园”，这不仅能给孩子带来生活的乐趣，还可以激发孩子的求知兴趣，培养孩子的认知和动手能力。

城市设计措施：利用临时用地，将其打造成为一个具有野趣的开放式公园，营造鲁迅先生书中描述的自然儿童乐园“百草园”。

深圳试点项目：临时用地、政府储备用地

公共空间价值分析：解决现今大城市中的儿童在成长过程中只有电脑和电视的困境，使儿童体验回归自然的乐趣。

设计构想：对该块储备用地采取“放任、不管”的态度，打造堆沙子、玩泥巴等最原始的儿童游戏场地，同时增加一些人造怀旧园林景观，使之成为具有野趣的开放式公园。

实施应用：政府储备用地的临时应用。

参考案例：绍兴“百草园”

“百草园”是鲁迅幼年时玩耍的地方，其占地面积约两千平方米，内部虽无明显界限，却有大园小园之分。小园在北，占地较小，向西北角突出，面积约为大园的四分之一，有门通向东咸欢河，河沿筑有河埠。

创意空间计划

文 / 李怡婉　深圳市规划国土发展研究中心高级规划师

让城市多一些充满惊喜的创意空间

世界上任何一个有魅力的城市，都无法缺少创意空间。

北京 798，原本为一个古老衰败的工业区，后来自发演变成集画廊、艺术工作室、文化公司、时尚店铺于一体的多元文化空间。上海田子坊，原本为逐渐颓废的工业厂房，但由于其原本优越的地理环境和特殊的建筑肌理，经过稍加改造后，慢慢吸引了陈逸飞等艺术家和一些工艺品商店的入驻，发展为中国最具小资情调的知名创意文化空间。

意大利罗马百花广场，聚集了商店、餐馆、酒吧。周末的午后，城市中的人们都来此聚集，徜徉在鲜花、农特产、葡萄酒、书籍中，与亲人、朋友、恋人一起享受阳光，享受美食。

深圳有着华侨城 Loft、欢乐海岸等少量小规模的有趣空间，但难以形成创意空间的氛围。这座城市有着许多古老的村落，却一个个难逃被铲除的命运。同时，它又具备全国最丰富的主题乐园（例如锦绣中华、世界之窗、民俗文化村等）。如果将这几大园区的围墙打掉，打通各园区，并与欢乐海岸、华侨城、古村落、文化创意商业街、大型体育设施串联起来，将功能重塑并整合利用，既能增加城市公共空间，又能激活地段活力。

主题公园开放

东方永不落幕的嘉年华

被外界漠视为“文化沙漠”的深圳，因其自由、开放、包容之精神，心怀对中华文明、世界文明的敬畏之情，开创了融世界建筑精髓和民俗文化于一地的微缩景观园。世界之窗、锦绣中华（民俗文化村）等系列主题乐园，作为深圳递给世界的一张张名片而享誉中外。

时过境迁，在市民文化品位日益提高、主题乐园建设越发多元的今日，以世界之窗为首的昔日荣耀之星们，在长隆乐园等后起之秀的追赶下，越发感受到自身地位的尴尬。世界上唯一不变的就是变化，深圳的主题乐园需要谋求变化，需要升级换代、需要冲出四面围城，就必然要以大勇气大智慧打破现有的、封闭的、图景式、功能单一的主题乐园模式。

锦绣中华的条件得天独厚，面积大到足够容纳和培育各种新型城市创意活动，周边是欢乐海岸、华侨城 loft 等城市创意产业区，其母公司华侨城集团是集合旅游、地产、酒店等的大型航空母舰，当然，深明“好的城市是人性的城市”的道理又勇于创新敢想敢做的深圳政府是锦绣中华转型发展的最有力支撑。

华丽变身后的锦绣中华，没有围墙，没有边界，原有的微缩建筑转化为城市林荫道和公共广场中的建筑小品、街头舞台背景，昔日的绿化空间大部分转变为城市公园，员工宿舍转为创意街区、青年公寓、旅舍，演艺场所转变为小型展览馆、小剧院、科教馆，配以部分新建的商业、办公、居住、游乐场所……锦绣中华 2.0 版，将充满着生活和艺术气息，是真正意义上的城市公共剧场，是集旅游、科教、娱乐、生活、文化等城市创意活动于一体的“东方永不落幕的嘉年华”。

城市设计措施：对城市衰退的主题乐园重新进行创意设计，活化空间。

深圳试点项目：锦绣中华、沙头角中英街

公共空间价值分析：通过对主题乐园的功能重塑和重新利用，既能增加城市公共空间，又能激发地段活力。

设计构想：转变华侨城现有的旅游运营模式，打造免费的中华传统文化体验区，将锦绣中华主题园区的围墙打掉，打通锦绣中华和欢乐海岸之间的通道，实现南起欢乐海岸，北至华侨城 LOFT，中间以文化商业街、大型体育设施、主题乐园等进行串联。

实施措施：政府引导，改编规划功能，开发商自行实施。

街道设施艺术化

设施的艺术化使城市成为更加多元、立体、个性化和艺术化的综合构成体。

几乎所有的发达城市都注重文化艺术环境建设，它直接影响到一个城市的文化形象。艺术化的城市设施已成为城市公共艺术的重要组成部分，城市公共艺术所达到的高度已成为社会文明程度、社会发达程度的标志之一，它是一个城市传递城市文化的艺术名片。

深圳目前的街道设施，如地铁出入口、公交车站点、公共电话亭、户外座椅等，形式过于单一，完全不符合“深圳乃设计之都”的名号。

可以借鉴其他国家一些成功的案例。例如：日本水果系列公交车站，有网纹瓜、草莓等多种造型，制作非常精细，瓜面的网纹、草莓表面的黑点，以及它们蒂上带着的几片小叶子，无不栩栩如生。日本的电话亭，除车站站台、候车室外，大多是密封的玻璃亭，有的是独立的，有的是并列的，大家各自为政，互不相扰。而且，每部电话都有厚墩墩的电话号码簿，有的一本，有的数本，供人免费查阅，很方便。而且公用电话亭造型各异，为这一市政设施提供了不少创意，同时也增加了街道的活力。另外，柏林太阳能椅子是一种用于室外公共空间的、形状优雅的环保座椅。白天收集太阳能，晚上可以用于公共照明。更有人评价这一椅子最重要的意义是将美丽、精致而自然的曲线带到了公共空间，而这样的创造甚至可能孕育着社会的改变，让整个社会像一座美术馆。

公共艺术的涵盖广泛，涉及艺术与生活的各个层面，是现代城市高品质生活中重要的精神内容，艺术化的城市公共设施可以使城市成为更加多元、立体、个性化和艺术化的综合构成体。公共艺术渗透到人们日常生活的路径与场景，通过物化的精神场和一种动态的精神意向引导人们看待自己的城市，在营造新的城市艺术环境的同时，也创造着城市的新文化，成为城市风格形成的助推器。

街道设施艺术化——公交车站

城市设计措施：深圳部分公交站点已改造成公交连廊，结合了深圳的气候特点，为市民提供遮风挡雨的候车空间，但未全覆盖，且样式过于单一。可进一步完善地铁站、公交站台之间的连廊系统，设计建造成艺术与功能相结合的街头家具。

深圳试点项目：深圳各公交站

公共空间价值分析：通过对公交车站的艺术化设计，可增加城市艺术氛围、美好街景，从而吸引市民在街道空间的停驻和交流。

参考案例：日本水果系列公交车站

案例介绍：日本的水果公交车站，有网纹瓜、草莓等多种造型，制作非常精细，栩栩如生。

街道设施艺术化——电话亭

城市设计措施：在全市范围内征集相关设计方案，并设有相关的奖项，一经录取的方案，给予报酬，由设计方与中国电信公司签订合同，方案权归属于中国电信公司所有。

深圳试点项目：全市公用电话亭

公共空间价值分析：通过对公交车站和全市公用电话亭的艺术化设计，可增加城市艺术氛围、美好街景，从而，吸引市民在街道空间的停驻和交流。

参考案例：日本公用电话亭

案例介绍：在日本看到的电话亭，除车站站台、候车室外，大多是密封的玻璃亭，有的是独立的，有的是并列的，大家各自为政，互不干扰。而且，每部电话亭都有厚墩墩的电话号码簿，有的一本，有的多本，供人免费查阅，非常方便。公用电话亭造型各异，为这一市政设施提供了不少创意，同时也增加了街道的活力。

城市事件计划

文 / 叶媛 深圳市城市规划发展研究中心规划师

通过活动建设人性化城市、创意城市

城市事件的营销已经成为城市改善形象、提高竞争力的一种手段。多样性的城市事件对于城市空间特色的塑造有着重要的作用。很多城市在法定的节日之外，为城市“创造”了丰富的城市事件，促进城市功能的完善、推进城市特色与精神的塑造及提升人们对城市的认同感。

深圳现有举办的非常成功的“深港城市 / 建筑双城双年展”吸引了不同领域、不同专业的市民参与到城市与建筑的讨论与思考中，也成了深圳每隔两年的城中盛事。历届双年展的成功召开，也推动了华侨城 OCT 等一批文化创意产业集聚区的发展。

城市未来的发展应更加重视城市事件与公共空间的结合，开展与城市设计和公共空间创意有关的展览和活动，通过活动建设人性化城市、创意城市。如举办创意地点征集活动，改变过去对公共空间城市设计自上而下的做法，由市政府主办，征集市民的创意地点想法，挖掘城市地点创意，形成贴近生活的人性化场所；借鉴澳门的做法，每年会选取某个或多个城市小型地点，开展城市设计竞赛，培育城市的创意氛围；利用建筑退线或者底层的空间，吸引设计师和建筑师对空间进行再利用，举办装置展览、文艺展览等；借鉴维多利亚港湾灯光表演活动，利用城市中心区、环滨水区建筑的立面与轮廓线打造城市夜景灯光工程及文化表演，多角度展现城市魅力；利用城市变奏的设想，将某一种功能的设施在特定的时间转变为另一种活动功能，从而实现城市地点与城市活动的结合，如二线关马拉松赛、滨海大道自行车赛、市民中心节会等。

创意地点征集活动

城市设计措施：规划设计部门主导，在报纸和网站等媒体上，发布征集市民的创意地点想法。

公共空间价值分析：通过引导市民积极参与，增加城市文化生活，活跃城市创意。

参考案例：纽约创意地点征集活动

案例介绍：纽约市政府主办的挖掘城市地点创意的网上征集活动，该活动认为城市公共空间应由生活在其中的人再设计后形成的人性化场所。

后海建筑灯光演出

城市设计措施：作为城市空间变奏系列曲之一，规定后海中心区的摩天大楼建筑群须进行整体的灯光设计，每天或每周进行一场建筑灯光幻彩演出。

深圳试点项目：后海中心、前海

公共空间价值分析：通过将建筑灯光照明转变为城市公共活动，既能吸引市民瞩目，又能美化城市轮廓线。

参考案例：香港镭射灯光音乐激光汇演

案例介绍：每天晚上八点，在香港的维多利亚港会举行“幻彩咏香江”的建筑镭射灯光音乐汇演，吸引数万的游客前往观看。音乐会演由香港旅游事务署发起，耗资四千四百万港元。

PATH
路径

特色滨水空间计划

文 / 毛玮丰　深圳市规划国土发展研究中心高级规划师

因为一片水而记住一座城

世界上许多著名城市都地处大江大河或海陆交汇之处，纽约、悉尼、里约热内卢、威尼斯、东京和中国的香港、苏州、青岛都是因其滨水特征而享名世界。这些国际著名的滨海城市或者滨海区域通过对滨海资源的个性化利用，把大海的独特景色与沿岸的文化、商业等交织在一起，创造出了具有非凡魅力的城市文化质感和城市气象。

深圳作为一个海滨城市，依山临海，拥有十分丰富的滨海空间。全市海域面积达 800 平方公里，海岸线长达 233.7 公里，河流 310 条。深南大道离大海最近的地方，仅有 1.2 公里；东部海岸线沿线分布着百多个古村落。深圳建设具有滨海特色的国际化城市本应是大有可为的一件事，但目前，城市临海但不亲海，市民真正能“亲海”的空间并不多，岸线利用过于注重效率而忽视生活，割裂了城市与海岸线之间的对话。河流承担着排洪、排水、排污的功能，未融入市民生活，成为城市的消极空间。“让水滨重新回归都市”正成为世界都市的共识。芝加哥、伦敦、纽约、巴尔的摩等世界都市，通过重塑都市滨水空间，实现了城市灰色地带的再生，凸显城市特色，焕发城市的活力。芝加哥、伦敦、纽约滨水地区打造城市滨水休闲带；阿姆斯特丹水网系统连通城市内河；悉尼达令港推进城市生产岸线向生活岸线的转化；美国纽约、中国香港的滨水天际线设计等；沿海而设的，集交通与景观于一体的美国加州一号公路；韩国首尔清溪川改造；香港著名的休闲胜地南丫岛的保护与利用等成功经验都值得我们学习。

滨水对于城市，不仅仅是生产生活的基本条件，更是生态建设、经济建设、文化建设、社会建设不可缺少的宝贵财富。用好滨水资源、以水丽城，创造让城市仰慕的滨水生活应作为深圳未来滨水资源利用与设计的核心内容。

后海建筑灯光演出

“总部经济 + 休闲 + 文化 + 亲海”复合的滨水空间

滨水地区是具有多重复合功能的区域，也是城市设计、展现城市活力的重要一环。放眼全球，有许多著名的旅游景点、城市休闲度假区域都位于湖滨地带。例如位于 Cockle Bay 边的达令港，是一个适合全家同游的亲水娱乐港，娱乐设施非常多元，包括购物中心、赌场、室内电子游乐场、IMAX 电影院、水族馆、美食街、展览中心、大型饭店等设施，是极具城市活力的区域。

再如香港维多利亚港区，环维港地区布置了香港大量的金融、商业服务设施，是香港金融 CBD 的所在地。它除了是金融中心、城市美丽的海港之外，还肩负着城市重要旅游景点的角色，其建筑镭射灯光音乐演出“幻彩咏香江”已经被列入吉尼斯世界纪录，成为全球“最大型灯光音乐汇演”。每天晚上八点，透过港岛和九龙四十余座建筑物的互动灯光及音乐效果，展现香港维多利亚港充满东港和多姿多彩的一面。“幻彩咏香江”获得中外游客的高度赞赏，成为香港旅游业的重要卖点之一，每天都吸引数万的游客前往观看。在一些特别的日子，如国庆、回归纪念、新年等，还会增加烟火表演，更具吸引力。

深圳可以借鉴香港的经验，将后海环湖文化休闲区打造为一个“总部经济 + 休闲 + 文化 + 亲海”复合的滨水空间。利用内湖开展不同类型的水上活动，成为深圳海洋文化的集中展示地；湖滨可设置与海洋文化有关的展览馆。同时结合后海的建设，对摩天楼建筑群进行整体的灯光设计，定期进行建筑灯光演出，为市民提供眺望深圳湾及后海中心区的平台。

城市设计措施：结合后海商业街的建设，打造类似悉尼达令港的环湖岸线，创造环湖的滨水活力地区。

深圳试点项目：后海中心区（含内湖）

公共空间价值分析：创造后海片区的“金融 + 休闲 + 娱乐 + 亲海”的空间，同时也提供了观看后海中心区建筑及天际线的观景点。

参考案例：悉尼达令港

案例介绍：位于 Cockle Bay 边的达令港，是一个适合全家同游的亲水娱乐港，娱乐设施非常多元，有购物中心、赌场、室内电子游戏场、IMAX 电影院，还有水族馆、美食街与展览中心，也有数家大型饭店。

设计构想：结合后海商业街的建设，将后海环湖文化休闲区打造为一个“总部经济 + 休闲 + 文化 + 亲海”复合的滨水空间。利用内湖开展不同类型的水上活动，成为深圳海洋文化的集中展示地。湖滨可设置与海洋文化有关的展览馆。同时结合后海的建设，对摩天楼建筑群进行整体的灯光设计，定期进行建筑灯光演出，为市民提供眺望深圳湾及后海中心区的平台。

实施措施：开展城市设计的国际邀请赛，高水准打造环湖地区，与后海商业街的建设相结合，完成后海内湖片区的整体城市设计构想，政府以一定的利益补贴等方式由一个开发商进行代建，或者将内湖整体划分为多个开发单元，与后海环湖物业捆绑进行打包开发，对摩天楼建筑群在出让及建设阶段，对整体的灯光设计提出实施要求。

观海生态景观道

最美的风景，在路上

开车走加州一号公路，是一种享受，是一种生活态度，是一种洗礼，是一种人、海和阳光的融合。

深圳拥有丰富的滨海资源，却没有一条观海公路。可选取双拥码头至南澳度假村一段公路进行改造，打造深圳的“一号公路”。

通过对道路沿线的植被进行设计和改造，给旅行者一场视觉的盛宴。不仅有令人陶醉的绿色，还有彩虹般的绚烂。在植物的选择上，有的路段要使海景能够从树木中透露出来，时常给人“柳暗花明又一村”的感觉。

处处都有惊喜。不仅仅是人为的限制车速，沿线的风景能让人不由自主地慢下来，甚至停下来，忘记时间，驻足欣赏。在较为宽敞的路段或景观节点处，设置临时停车的观景台和步行道等，为市民提供驻足观赏的空间。也可以随时下车去到海边，带小孩捡鹅卵石，欣赏海天一色，与随处可见的野生动物玩耍，与小松鼠交流。或者到海边古老的小村庄，穿越历史的空间。抑或沿着一条小路走下去，曲径通幽，涛声阵阵，然后豁然开朗，夕阳已经绚丽无比。或许误入原始森林，记得带上指南针。借鉴美国加州一号公路，深圳观海生态景观道可设置多处旅游信息站，在这里，为游客免费提供各种详细的地图、人工咨询、公共厕所和小憩的场所。

身体和灵魂，总有一个在路上。

城市设计措施：建设海边的道路，并提供港湾式的观景平台，包括在景色优美路段，结合港湾式紧急停靠带或路幅较宽处增加观景平台等设施；或是在已有的沿海道路上进行改造，使得海景能够透露出来。

深圳试点项目：东部滨海（洋畴湾段）、惠深沿海高速、东部核电第二大道

公共空间价值分析：创造滨海观景生态路，让市民开车时领略到大海的美，中途可以停车观看海景，创造休闲自驾旅游的极佳线路。

参考案例：美国加州一号公路

案例介绍：设计周全，只要是风景美丽的地方，道路都会多出来一块地方，供游客们停车浏览拍照，这样不会让只有两车道的一号公路堵塞，也不会让旅游者们因为错过美丽的风景而遗憾。

设计构想：深圳是滨海城市，却缺乏一条像美国加州一号公路的观海公路，滨海资源得不到充分发挥。选取双拥码头至南澳度假村一段公路进行改造，该段公路沿海可见，具有较好的滨海风光，但植被设置没有经过研究，将海景遮蔽起来，且杂乱无章，未来可利用现状道路建设深圳观海公路。

实施措施：政府主导实施，开展沿线及相关设施的改造，对道路沿线的植被进行设计和改造，使得海景能够从树木中透露出来，限制车速，在较为宽敞的路段，设置临时停车的观景台和步行道等，为市民提供驻足观赏的空间。

滨海村落慢生活

在滨海古村落中，找回离我们远去的生活

约翰 · 列侬曾经说过，“当我们正在为生活疲于奔命的时候，生活已经离我们而去”。在繁华的都市中，我们总是忙于工作而忘记了生活，忙碌的脚步使我们错过了身边重要的事情和美丽的风景。治疗这种城市病的最好方法，就是寻找城市的慢生活。

滨海村落慢生活就是利用东部滨海地区众多村落的资源特点与优势，通过精心设计，活化利用旧村空间，为市民摆脱城市繁华、回归自然，提供休闲的驿站。可优先选取邻近城区的南渔村、夆吓村开展滨海村落慢生活体验。

南渔村、夆吓村均位于大鹏半岛南端的南澳街道中心地段，临近南澳双拥码头。它们都是没有土地资源的纯渔业村，村民世世代代靠海为生。村里房子都建得很近、有点拥挤却不失热闹。许多居民还住在已有 50 多年历史的老房子里，一楼起居，二楼多用来晾晒鱼干和紫菜。在这个以最悠闲的步态行走也只需半个小时可走遍的弹丸之地，处处散发着回归自然的闲适与宁静。

利用滨海古村落和传统文化，从整村利用的角度，对部分村落环境进行改造，引入“慢生活”类型的商业业态，将建筑改造成特色旅馆、特色咖啡厅、休闲垂钓场所等，打造滨海休闲村落。一道下午茶、一个南方城市的午后，临水而憩，享受滨海村落慢生活。

南渔村可借鉴香港南丫岛、大澳等经验，改造排洪渠，成为水上观光走廊，水上泛舟，赏两岸民居。民居亦可沿河设立露天的咖啡馆、茶室，喝茶赏景，别有一番滋味。并结合具有历史价值的天后宫以及非历史文化遗产舞草龙等节庆等，打造附有乡土气息的独特体验。夆吓村可利用近海的便利条件，发展滨海休闲娱乐活动，出海垂钓、鱼排进餐等。同时，结合现有的水产养殖和研究基地，寓教于乐。

“慢生活”是一种积极的生活方式，是一种健康的心理态势，在生活节奏慢的村落中，慢餐饮、慢阅读、慢运动……

城市设计措施：利用滨海古村落和文化传统，从整村利用的角度，对部分村落环境进行改造，引入“慢生活”类型的商业业态，将建筑改造成特色旅馆、特色咖啡厅、休闲垂钓场所等，打造带有历史风貌的滨海休闲村落。

深圳试点项目：东部有价值的历史村落，如盐灶村、南渔村、鲞吓村

公共空间价值分析：活化利用旧村空间，又为市民摆脱城市繁华、回归自然、体验渔村生活提供了好去处。

参考案例：中国香港南丫岛

案例介绍：古村保留了传统的生活模式和生活气息，商业开发水平低，保留了传统的商铺，又引进了西式餐厅和酒馆以及精致的小店铺。南丫岛自发形成中西融会、传统又现代的氛围。南丫岛上生态旅游游径有三条，由中国香港点灯公司等单位合作开发，以增进市民对南丫岛历史、文化、自然生态的认识。

设计构想：南渔村：借鉴中国香港南丫岛、大澳等经验，改造排洪渠，并结合具有历史价值的天后宫，打造附近有水乡气息的乡村体验。

鲞吓村：利用近海的便利条件，发展滨海休闲娱乐活动，同时，结合现有的水产养殖和研究基地，发展渔业养殖观光。

观海栈桥

面朝大海，春暖花开

深圳湾公园拥有沿海岸线长约 11 km，与中国香港米埔自然保护区隔海遥望，是深圳市唯一的密集滨海休闲带。随着 15km 海岸带设计的逐步落实，原预留的沿海栈桥应尽快实施，提供给市民一个亲水的新空间。将一块块木板有序地排列起来组成数米宽的栈桥，从岸边延伸至大海。在栈桥的尽头设立一个观景平台，让人们能走入大海的怀抱更加真实地感受它的魅力。未来建成的深圳湾栈桥将成为深圳标志性景点之一。

大海如果有了栈桥，仿佛就有了依靠，海浪也不再寂寞。靠近它时，都变得特别温顺；离开它时，都带着无尽的不舍。走在栈桥上，像是走上了观礼台庄严地检阅着无边的大海；远望栈桥，像拉长了海边的景色，把人的目光和脚步也拉向远方。单一的海岸线从此多了另一道美丽的风景。

城市设计措施：沿滨海地区修建观海木栈道，为市民提供休闲健身径、观海亲海的通廊。

深圳试点项目：继续完善 15km 公里海岸线、前海等。

公共空间价值分析：增加滨海活动空间，形成滨海的慢行系统，改变城市近海而不亲海的现状。

参考案例：深圳盐田滨海栈道

案例介绍:集景观步行道、自行车道为一体，沿途设有登山道、步道、景观平台、木栈道、石拱桥等休闲游乐设施，由政府主导和实施。

设计构想：在 15km 休闲带建设观海栈桥，提供亲水的新空间。

实施措施：政府主导和实施，15km 海岸线的设计中已经有预留，应尽快实施。

街道慢行计划

文 / 李怡婉　深圳市规划国土发展研究中心高级规划师

当人们提及对一座城市的印象时，通常都与街道有关。如巴黎的香榭丽舍大道、纽约的第五大道、上海的南京路等，已经成为这些城市的代表…… 如果一个城市的街道看上去很有意思，那么这座城市也会显得很有意思；如果一座城市的街道单调乏味，那么这座城市也肯定单调乏味。

严格来讲，深圳大部分是道路而非街道。以深南大道为标志的快速路、主干路，让人既觉得振奋和鼓舞，又自感渺小而无助，因此，建筑与建筑之间也似乎得了相思病，距离非常远，缺乏对话和亲切的尺度感。道路只为车而设计，除了交通规则还是交通规则，人们只能匆忙地从一个地方到达另一个地方。增加汽车交通已将城市生活赶出了舞台，商业贸易和服务功能很大程度上集中于大型的室内购物中心……

深圳缺乏有活力、有魅力、舒适、亲切、有安全感的街道。深圳有着宽阔宏大的深南大道，却没有适宜步行的小街小巷；有着具有历史感的湖贝旧村古老却又脏乱的街道，却没有适宜休闲娱乐的宽窄巷子；有着挂满中国结的华强路，但始终缺乏具有浓重节日气氛的街道。

一座城市的街道，已成为城市的一张名片。街道建设也正在进入以人为本的阶段。

建筑退线区的生活化

塑造有趣的、人性化的建筑退线空间

社会的进步带来了人们价值观的改变，落实到城市规划领域，是人们对城市空间特别是公共空间高品质的追求。城市中随处可见、可用的建筑退线空间，它是串联公共空间的纽带，是城市公共空间的重要组成部分，却一直因为被忽略、未受到足够的重视而处于尴尬的境地。

90 年代，巴黎的香榭丽舍大街交通拥堵、人与车辆关系倒置、停车占用空间的现状导致这条大街混乱不堪。巴黎政府通过取消路边的车道和停车场，拓宽步行区并将功能划分为建筑功能区 + 步行区 + 景观照明区 + 街道家具区这四个功能，打造出一个“复杂的混合体”。

深圳的建筑退线区相对其他城市较大，一方面体现了安全性和城市景观，另一方面也造成了很多空间使用率较低，功能过于单一、无趣、氛围略显平淡，连基本使用设施都处于缺乏的状态。只要将人行道向建筑退线区局部进行拓展，增加活动设施，即可塑造出有趣的、人性化的建筑退线空间。这不仅增加了生活的气息、塑造了社会交往的场所，更创造出了一个崭新城市的面貌。

城市设计措施：将人行道向建筑退线区局部进行拓展，增加活动设施，塑造人性化的建筑退线空间。

深圳试点项目：红岭路等建筑退线区较大的道路，其他类似道路应作为通则参照进行改造。

公共空间价值分析：深圳的建筑退线区相对其他城市较大，一方面体现了安全性和城市景观，另一方面也造成了很多空间使用率较低的情况。只要充分利用了这些退线空间，必然能创造出新的城市面貌，增加市民可以使用的公共空间，增加生活气息，塑造社会交往空间。

参考案例：巴黎人行道计划

案例介绍：从 2000 年开始，巴黎市开始拓宽人行道，并允许在一定时间内在人行道上设置露天的咖啡馆和其他活动场所，同时由政府投入增加座椅和休憩平台。

特色节日步行街

中国的第五大道

说到特色节日步行街，加拿大魁北克步行街是一场视觉盛宴，为了营造步行街的气氛，特地用了 17 万个粉红色塑料球来装扮。纽约第五大道是“最高品质与品位”的代名词，圣诞节前夕，各大公司都竞相推出圣诞橱窗，纽约每年最大的圣诞树就竖立在第五大道上的洛克菲勒中心，这棵圣诞树比白宫的还要高大、华丽，届时，就连许多“老纽约”也要携家带口前来观赏。

深圳就缺乏这种特色节日步行街。我们可以通过对南海大道、深南大道一段的整体设计，对道路设施和户外家具进行整体设计，增加其独特的文化和艺术氛围，形成深圳独特的城市印象。通过街道顶部空间利用、装置艺术与街道的结合，达到提高街道的公共空间品质，提高人对街道的使用目的。打造特色街道，提升深圳城市形象。

建议与城管部门协商，由区政府承担主要资金，对街道的装饰活动进行统一规划和管理，提高街道装饰的特色性和艺术品质。同时，将全球著名的珠宝、皮件、服装、化妆品商店都集中到特色节日步行街上，它们像一颗颗闪闪发光的钻石，镶嵌在特色节日步行街的两边，吸引着成千上万的游客。特色节日步行街的商店橱窗必须是精心设计的，沿街的橱窗展示可以千奇百怪，精彩纷呈，甚至可以别出心裁请真人做模特，让各家名店的橱窗文化成为游客观光购物不可或缺的内容，让节日的街道充满了温暖的气氛。

城市设计措施：街道顶部空间利用，装置艺术与街道的结合。

深圳试点项目：南海大道、深南大道

公共空间价值分析：通过对街道的装饰，达到提高街道的公共空间品质，提高人对街道的使用目的。通过特色街道的打造，提升深圳的城市形象。

参考案例：加拿大魁北克步行街

案例介绍：为了营造步行街的气氛，特地用了 17 万个粉红色塑料球来装扮，营造一场视觉盛宴。

设计构想：通过对南海大道一段的整体设计，对道路设施和户外家具进行整体设计，增加其独特的文化和艺术氛围，形成深圳独特的城市印象。

实施措施：与城管部门协商，对这种装饰活动进行统一规划和管理，提高街道装饰的特色性和艺术品质，主要资金由区政府负责解决。

专用自行车（赛）道

健康骑行，打造绿色低碳休闲生活

标榜可以节能减排的自行车运动蔚然成风。自行车运动不仅成为一种健康的生活方式，也成为观光景点热衷推行的交通方式。台北市制定了“台北市自行车道路网整体规划案”，并配置了十分详细的导览图和规划图，指导人们更好地利用自行车系统。骑自行车游览台北，会给你带来不一样的体验，除了可以在基隆河两岸、淡水河畔的专属自行车道骑车看台北景色外，累的时候，你还可以带着自行车坐捷运，稍加休息，加快游览的步伐。在桃园县的新屋绿色走廊南岸自行车体系中，在自行车道入口处布置了各种自行车出租店，游客不需要自备车辆就能享受驰骋于绿林蓝海间的自然洗礼。沿途可以眺望海天一线、汹涌的浪涛及辽阔的沙滩，海风轻抚，好不畅快。除了自行车专用道之外，还布局了木栈台、观海亭、休闲步道、景观解说等服务设施，为旅途提供休息、赏景的绝佳景点。

深圳市今年以来自行车运动、自行车出行等活动日渐活跃。将这种新的生活方式、景观等多种因素结合起来，能给深圳“创意城市”增加一道亮丽的风景线。可借鉴台北市的经验，凭借我市东部低山丘陵多，且大部分位于基本生态控制线内，自然环境优美，结合绿道的建设，打造东部具有特色的山地自行车道，并可与国内外知名山地自行车赛事相结合，打造城市活动特色名片。同时，利用滨海型旅游山地自行车道的概念，增设公共自行车租赁服务点，并有效地串联东部的大众景点。

城市设计措施：对全市的自行车道布局、自行车道的标识系统等与其他交通方式进行统一的规划，以便形成良好的自行车系统。

深圳试点项目：蛇口自行车（赛）道、东部山地自行车道

公共空间价值分析：划拨给自行车运动和新的生活方式、景观等多种因素结合起来，给深圳“创意城市”增加一道新的风景线。

参考案例：台北自行车道系统规划

案例介绍：台北市制定了“台北市自行车道路网整理规划案”，并配置了十分详细的导览图和规划图，指导人们更好地利用自行车系统。骑自行车游览台北，会给你带来不一样的体验。除了可以在基隆河两岸、淡水河畔的专属自行车道骑车看台北景色外，累的时候，你还可以带着自行车坐捷运，稍加休息，加快游览的步伐。

设计构想：深圳是滨海城市，却缺乏一条像美国一号公路的观海公路，滨海资源得不到充分发挥。选取双拥码头至南澳度假村一段公路进行改造。该段公路沿海可见，具有较好的滨海风光，但植被设置没有经过研究，将海景遮蔽起来，且杂乱无章。未来可利用现状道路建设深圳观海公路。

实施措施：政府主导实施，开展沿线及相关设施的改造，对道路沿线的植被进行设计和改造，使得海景能够从树木中透露出来，限制车速，在较为宽敞的路段，设置临时停车的观景台和步行道等，为市民提供驻足观赏的空间。

SIGN

标志物

特色建筑计划

文 / 叶媛　深圳市规划国土发展研究中心规划师

建筑打造具有不同文脉的城市名片

建筑物是人类个体和社会群体的生存设施。它首先强调的是功能，功能的完善是为了满足人的生活需要。建筑在价值取向上坚持以人为本，就必须充分考虑人的尊严、个性、精神意图和活动、生活的多样性，以及在物质和心理活动方面的需求。

美国的许多建筑非常具有特色，不仅是因为建筑设计的形态千变万化，更是因为建筑设计注重了与城市形态的和谐、与城市文脉的呼应；福冈文化交流中心 ACROS 屋顶因其独特的设计和对绿色空间最大限度的保留而引人注目，建筑一侧面朝福冈市最繁华的商业街，这一侧为玻璃墙，使其看起来和传统的办公大楼无异，而另一侧却是一个巨大的绿色房顶。

绿色房顶不仅使整个大楼保持恒温，使其成为真正的“绿色建筑”，更加奇妙的是绿顶一直延伸至地面的花园，成了城市花园的一部分。

坚持以人为本，就必须植入文化，把握整体，注重细节，完善功能，提高建筑质量和建筑美观程度，满足人们生产生活的自然需要。“适用”不再只是“住得下、分得开”的简单要求，也不是一种形式上的摆设，而是要充分考虑人的生活规律，注重生存空间内容的合理搭配，重视城市景观与建筑的结合、建筑内部的创意空间利用、生态建筑的打造等因素，使建筑不再是“万楼一样”的大大小小钢筋混凝土的“火柴盒”，而是既实用、好用，又能更好地跟这个城市紧密结合在一起的元素，使得城市增加更多有趣的创意空间。

“城市，让生活更美好”，充分释放出人们对城市的期许。城市已成为现代人高品质生活的集聚地。而城市的建筑因其融合了城市历史、文化、风情等多种元素，成为提升城市品位的最佳载体，成为城市的对外名片、形象与象征。

特色临时建筑

临时兴起的创意空间

临时建筑是指必须限期拆除、结构简易、临时性的建筑物、构筑物和其他设施。临时建筑建设前也须经规划和建设等部门批准，但在批准书上都应当有规定的使用期限。临时建筑往往给人以简易、无趣、单调的印象，但具有适用范围广、见效快、性价比高等特征。在创意、科技等手段的帮助下，利用再生纸、复合材料、天然植物材料、集装箱等可以再利用的资源作为展览、重要节日和活动所需的临时建筑，或作为公共空间中的景点式建筑，这些都将成为环保节能建筑的典范及承载城市创意空间的重要场所。

美国洛杉矶的雷东多海滨公寓是利用回收集装箱进行建设，还采用了传统的框架结构和预制组件的组合。这些材料使得其建造价格合理，木框架结构使得各种“部件”走到了一起；外形设计上亮丽、时尚，而并非用集装箱简单地叠加。

英国在文化创意领域有着悠久的历史，人民在享受奥运会经济体育带来的快感的同时，将本地特色的创意文化也融入了伦敦奥运会中。新建的 14 个场馆中有 8 个是临时建筑，例如，主体育场“伦敦碗”采用的是低碳混凝土，较一般水泥的含碳量降低了 40%，其顶环则是用剩余的煤气管道构成的；在其 8 万个座位中，有 5.5 万个座位是临时搭建的，在赛后将拆分卖给下届奥运会主办国巴西，体现了 2012 伦敦奥运会“减量、再用、循环”的可持续发展的办会方式。伦敦奥运篮球馆也是一个临时建筑，共有 1.2 万个座位，只承办奥运期间的篮球与手球项目，在篮球比赛之后，可以花 22 小时内拆卸完有关篮球比赛的所需设施，转化成为手球项目的比赛场馆，非常的实用。

深圳目前已有一些成功使用临时建筑的案例，如前海合作区管理局的办公楼是采用废弃的集装箱搭建的，还有历届深圳 · 香港城市 / 建筑双城双年展的部分分会场等，这些建筑的使用既体现了环保与科技的力量，展现了深圳创意之城和科技之城的城市形象，又不阻碍地块未来永久功能使用的各种可能性。未来可适当增加创意临时建筑的使用，为市民提供更多的可观赏、可使用的空间，既富有实用价值，又宣传了低碳、循环的理念。

城市设计措施：利用再生纸、复合材料、天然植物材料、集装箱等可以再利用的资源作为展览、重要节日和活动所需的临时建筑，或作为公共空间中的景点式建筑。

深圳试点项目：深圳 · 香港城市 / 建筑双城双年展会场

公共空间价值分析：增加公共空间中的标志性建筑、提供更多的可观赏使用的景点，并采用环保和科技感较强的建筑材料，展现深圳创意之城和科技之城的城市形象。

参考案例：德国汉诺威世博会日本馆

案例介绍：汉诺威日本馆是建筑史上的一次跨越，展馆面积 36000 平方米，建筑师用直径 12.5 米的回收纸制成纸筒，形成建筑的长条状的三维曲面。

参考案例：美国雷东多海滨公寓

案例介绍：该项目利用回收的集装箱进行建设，还采用了传统的框架结构和预制组件的组合。这些材料使其建造价格合理，木框架结构使得各种“部件”走到了一起。

生态建筑示范

低碳生态的创意空间

随着社会的发展，人们越来越关注生态环境与可持续发展，许多城市也纷纷提出了建设“生态城市”的规划。而“生态建筑”，或者说“绿色建筑”，则是“生态城市”建设中关键的一个方面。我们经常听到，也经常提到“生态小区”“生态建筑”，那么，它到底是什么样的一个东西，又是如何实现“生态”的呢？

1992 年联合国环境和发展大会“里约热内卢宣言”提出可持续发展思想的基本内涵。在建筑的设计阶段，利用太阳能等可再生能源，注重自然通风，自然采光与遮阴，为改善小气候采用多种绿化方式，为增强空间适应性采用大跨度轻型结构，水的循环利用，垃圾分类、处理以及充分利用建筑废弃物等。需要结构、设备、园林等工种，建筑物理、建筑材料等学科的通力协作才能得以实现。这其中建筑师起着统领作用，建筑师必须对资源和能源的使用效率、对健康的影响、对材料的选择等方面进行综合思考，以生态的观念、整合的观念，从整体上进行构思，从而使其满足可持续发展原则的要求。

建筑毕竟是给人用的，“生态建筑”作为一个概念，也必将通过人来实现。比如说，“生态建筑”鼓励节能的交通方式，如公交、拼车、自行车等途径。再比如，节约与循环用水、分类回收废品，也都是要靠使用者的“生态意识”来保证的。

生态建筑不仅仅是一个口号，也不是一个噱头，而是实实在在的科学技术的应用与人类生态意识的增强。当政府、社会和公众都对“生态建筑”的概念有了深入的了解，并且有意识地去追求，那么“可持续发展”的目标就会得到贯彻。

城市设计措施：通过建筑表面或顶层的利用，开展都市农业。

深圳试点项目：光明新区

公共空间价值分析：通过生态建筑的建设，增加整个公共空间的舒适性，并可以将生态建筑作为一种公共资源，丰富城市景观。

参考案例：日本福冈文化交流中心 ACROS 屋顶

案例介绍：这个建筑因其独特的设计和对绿色空间最大限度的保留而引人注目。该建筑一侧面朝福冈市最繁华的商业街，这一侧为玻璃墙，使其看起来和传统的办公大楼无异；而另一侧却是一个巨大的绿色房顶，该建筑高出地面 60m，绿色房顶不仅使整个大楼保持恒温，而且降低了能量消耗，绿屋顶如梯田般一层一层向下依次排开，共覆盖 35 000 棵植物，整个绿屋顶延伸至地面的花园。

趣城展望

文 / 毛玮丰 深圳市规划国土发展研究中心高级规划师
韩 娇 深圳市规划国土发展研究中心高级规划师
李怡婉 深圳市规划国土发展研究中心高级规划师
叶 媛 深圳市规划国土发展研究中心规划师

不针对景观轴线、重点区域、重要节点，而是直接从具体的场地入手，填补城市微观层面设计和研究的不足，对城市生命体“穴位”——特定地点，用针灸的方式，采用小尺度介入的方法加以控制与引导，激发城市活力。《趣城 · 深圳美丽都市计划》是一种全新的尝试，它不是激进的、全面的、运动式的，而是温和的、持续的、散点式的。其目的是以城市公共空间为突破口，营造一个个有意思、有生命的城市独特地点，形成人性化、生态化、特色化的公共空间环境，通过“点”的力量，创造有活力、有趣味的深圳。该项目荣获 2013 年度全国城乡规划设计一等奖。

目前，《趣城 · 深圳美丽都市计划》中有的计划已纳入相关规划，如大脑壳山山体体验计划、有轨电车计划、宝安西部滨水休闲带计划、较场尾村创意改造计划等在龙华、宝安、大鹏各区的发展规划中明确；观澜河、大浪河、茅洲河、龙岗河等河流亲水化的设计及改造工作已提上日程。

有的计划正在实施，如福田污水处理厂公园化利用、安托山采石场公园化利用正在进行方案设计；博物馆群计划福田区政府正在进行国际招标。

有的计划正在结合具体的开发建设项目落实，如康佳改造最初方案中全部是进行高密度开发，我们要求其结合华侨城 OCT 创意园区，打造一条低尺度低密度的文化艺术街区，同时允许通过局部容积率拔高的方式平衡利益；湖贝旧村原先的设计方案是拆除后建设大型的 Shopping Mall，由于我们预先提出了保留湖贝旧村岭南建筑特色、打造繁华都市中深圳历史缩影的计划，在方案审查中规划主管部门要求开发商对该片区的规划重新考虑。

一些计划正在付诸实施，中心公园许多地段的边界围墙已经打开，利用绿化带建设的街头公园（福荣绿道）正在形成；华侨城街道剧场、大鹏户外嘉年华骑行百公里等城市活动在结合具体的地点进行……

同时，《趣城 · 深圳城市设计地图》《深圳特色建筑导览》《趣城文化艺术街区导则》等与趣城有关的系列事项正在开展；《趣城 2013 到 2014 年实施方案》正在编制，主要考虑由各区政府每年在项目库中选取 2~3 个地点，开展深化设计工作，列入区财政计划，并与区里具体开发建设项目结合。

远期希望趣城能够成为联系政府、开发商、企业、设计师、市民的平台，所有符合趣城理念的项目都可以融入这个平台。

设计城市就是设计生活。《趣城 · 深圳美丽都市计划》项目正在探索一条实践城市人性化公共空间的新路径。为熟悉的地方，添一分用心，加一分创意，就会有最动人的美丽风景。

趣城

·

盐田 2013—2014 年实施方案

《趣城·盐田 2013—2014 年实施方案》是《趣城·深圳美丽都市计划》的实施方案。深圳市规划国土发展研究中心通过系列的宣传、策划、组织工作，搭建了一个平台，将规划设计主管部门、区政府、设计师的力量团结起来。

PRACTICE

盐田·实践

让盐田更美好

采访深圳市盐田区副区长乔恒利

UED：盐田发展“趣城”计划的动机是什么?

乔恒利：过去对于盐田的开发，我们比较注重硬质化物质空间的建设，但对于城市环境软性的、艺术的或者情绪氛围的营造考虑得较少，动机就是我们要对这一不足进行弥补。

UED：关于这一计划，要达成什么样的目标?

乔恒利：我们希望计划完成之后，老百姓能够看到盐田环境的改变，使用到新的公共设施，感受到更美好的生活氛围，体验到城市趣味性的提升。

UED：区政府在前期为“趣城”计划做了哪些方面的准备?

乔恒利：首先，我们有一定的基础。过去政府在城市环境上投入了大量精力、财力去建设它，也已然收到一些改善，盐田为“趣城”提供了一个相对较好的实验平台。其次，我们对“趣城”项目的必要性和方向性做了一些研究和分析，认为“趣城”项目的植入对盐田来说确实很有必要，提升了整体环境，让盐田变得更具艺术气息和趣味性是我们的目标。第三，我们对“趣城”项目的投入做过考量，认为在承受范围之内，而且我们非常愿意投入，也认为值得投入。第四，我们考察了“趣城”项目的社会参与质量和力度，认为建筑师和其他社会力量的介入会非常有利于这个项目的实施。最后，我们区政府非常重视“趣城”项目，做好了全力支持和配合的准备。

UED：为什么选择现有的这些场地进行改造？它们存在什么样的问题?

乔恒利：这些被选择的场地可以简单分为三类：一部分是场地空间给人的感觉不好，充满“负能量”的空间;一部分场地本身很有特点，沿海的栈道和山海通廊，通过“趣城计划”我们希望提升它的品质；还有一部分是当时规划考虑得比较粗放，没有合理利用的闲置空间。

UED：如何选择参与计划的建筑师?

乔恒利：我们邀请的建筑师普遍比较年轻，他们有想法、有活力，且都有国外教育或从业的经历，这一点能相对保证建筑师的作品会非常有创意。另外，因为“趣城”前期没有设计费用支付，所以我们选择的建筑师们要有奉献精神。

UED：“趣城”项目中，方案的筛选机制是怎样的?

乔恒利：首先项目要有“趣”，即有创意，但同时要保证是可实施的，这是我们筛选项目的标准。机制简单来讲先由专家把关，然后由行政部门进行决策。

UED：在项目的社会影响力方面，前期办有没有做一些针对性的工作？

乔恒利：盐田是“趣城”第一次落地实施，有很多不完善的地方，社会参与度的欠缺是其中之一。但是我们已经有计划在项目二期的时候在这方面多做努力。比如动员各个街道办、工作站、居委会，充分征求居民的意见，提出他们对城市改进的构想。包括在后期筛选方案的时候也增加了公民参与力度，让市民的选择成为我们最终的筛选手段之一。

UED：目前二期已经在运作当中了吗？

乔恒利：确切地说，已经开始了，我们已经在筛选 25 个场地并公布出来，面向全球征集改造方案。

UED：对项目的未来发展，除了国际化和加大公民参与力度外，还有什么样的想法和计划？

乔恒利：未来我们会把“趣城”列入年度计划，区别于现在这种集中式的改善计划，把它变成一个常态化的项目，有侧重、有主题、循序渐进地推进下去。

污水处理厂路前

盐田河栈道

UED：盐田作为“趣城计划”落地的第一站，在项目推进当中遇到了哪些问题，有什么样的经验可以跟我们分享一下?

乔恒利:“趣城”本身是一个新的尝试，它不是建筑工程，也不是城市雕塑，实际上它杂糅了艺术、装置、建筑、环境设计等，是需要将硬件和软件综合考虑的项目，所以对我们来说很难有一个标准去评判它。参与树立建筑师提交的方案非常丰富，他们对项目的综合把控能力就显得非常重要。比如有一些想法很好，但是涉及公共安全问题，我们就需要慎重考虑，另外还要考虑项目的造价和使用寿命。

工作轴

《趣城 · 盐田 2013-2014 年实施方案》是《趣城 · 深圳美丽都市计划》的实施方案。通过系列的宣传、策划、组织工作，选择了盐田作为趣城的第一站试点。项目邀请了六位知名设计师。通过深入调研，若干次工作坊、交流会等，充分发掘盐田区优势和特点，系统性地提出了契合盐田区实际的可实施性方案，形成了艺术装置、小品构筑、景观场所三大类计划。

项目一开始就定位为与区政府的投资计划相结合，同时也获得了盐田区政府的高度认可，保证了项目较强的可实施性。趣城 · 盐田的实施是一次颠覆性的创新，意义不在于简单地城市设计，而是一种实施路径的探索。为加强项目编制统筹协调，顺利推进相关工作，由区前期办作为项目牵头单位，负责做好与区相关职能部门的沟通协调工作。区发改局负责该项目立项等工作，区财政局负责做好资金保障。盐田区前期办的核心工作在于确保项目的落地，把方案变成实际的项目。项目最开始由深圳市规划国土发展研究中心和盐田区前期办共同选点，作为设计师选点的参考，设计师也可自行选点。项目从选点开始，就是一个没有任务书，没有确定的试点，设计师带着抱负和理想去自己找点，把设计师的积极性调动起来。自 2014 年 7 月趣城深圳盐田篇实施计划研究会议以来，目前已形成 50 个实施计划提案。经区前期办梳理，可在近期启动实施的创意提案有 11 个项目提案，区前期办根据区城管局、东部交通运输局意见，对项目提案作进一步优化完善后，向区发改局申请项目立项。创作类项目提案由区前期办作为建设单位，区财政局予以配合办理相关手续；工程类、产品类项目提案由区前期办负责前期工作，区工务局负责实施建设。在后期，希望吸引民间资本的参与，大胆地设想由设计师直接接单，形成设计界的“Uber”模式。

盐田区前期办对项目设计方案进行了梳理，区发改局根据不同类型按程序列入 2014-2015 年区政府投资项目计划实施。目前，已有 19 个方案纳入 2014 年近期已开展的项目内予以实施，并已完成施工图设计；7 个方案列入 2015 年 A 类计划，即 2015 年可单独实施的项目；21 个方案列入 2015 年 B 类计划，通过进一步论证并深化设计方案即可实施。

2013

宣传，将成果分发各区，盐田区积极响应

策划、组织，邀请知名设计师

2014

初步调研选点

组织设计师动员会

组织深入调研

组织若干次工作坊、交流会等

形成了艺术装置、小品构筑、景观场所三大类计划，50个小计划

列入区政府投资计划

2015

至今施工

趣城——城市自我修复的免疫系统

文 / 张之杨　局内设计创始人、设计总监

“趣城”相对于正统的城市规划在思维方式和逻辑上可以说是反其道而行。如果说传统的规划是对环境的征服或重塑，那么“趣城”则更推崇像太极或针灸似的借势而为。通过对现有城市公共空间的观察和研究，策略性地植入新的、积极的细胞，让城市自身的内力与之相互作用，在有机体内滋长繁衍，最终由内而外逐渐地改善城市空间和环境的品质。它的目的不是要取代或者颠覆现有的城市规划逻辑，而是对目前的城市规划系统的一个积极的补充。

建筑师在“趣城”中的定位也有一种倒置和颠覆的意味。建筑师首先是一个城市空间的使用者与观察者，基于对城市的本能的情感，自愿地希望做一些事情——不必迫使自己把自身真实的世界观和审美隐藏，而由于职业服务的缘故去刻意一味地满足客户的需求。在“趣城”当中，建筑师重新回到一个自主的角色，可以由心出发，用他自己真实的观点和视角去寻找项目，判断需求，然后按照以他认为正确的方式独立地进行设计。建筑师以这种方式介入，会更为积极主动；另一方面，风险的确也随之放大——我们上报了四五个方案，结果只有一个被选中。在这里建筑师的工作方式更像艺术家，创作的过程是完全自由的，然后静静地等待作品被发现和认同。

这种方式的优点很明显：传统的设计师只能扮演一个庞大的社会化运作或者产业中专业化服务的一个环节，难有独立表达主张的机会。而就“趣城”而言，建筑师获得了一个对项目更全面也更自由的把控，能更真实地反映出一个建筑师完整的设计观。

“趣城”的执行模式具有随机性、灵活性。项目当中没有追求统一的答案，也不探讨大是大非的问题，给设计师提供了一个依照个体独特的城市经验去选择项目并解决问题的机会。具体来说，我们团队有别其他设计师的地方是我们特别注重项目的可复制性，即做一件事情可以非常灵活地适用于不同的场地。我们希望把这个项目做成一个组合式的，换句话说，就是我们作为一个单元的设计者，未来单元的组织和组合可以被未来的第二方或者第三方在落地的时候在我们设计之上再进行二次创作。我们所做的工作只是为它的多样化的演变提供了一个基础，作品本身可以把使用者纳入到设计和创造当中来，从而使得它可以更强烈地融入社区和使用人群中。

坦率地说，“趣城”目前还是一个 1.0 的版本，处在探索或者说实验性的阶段。从项目的风险或者说设计师投入的精力和创作时间的投入角度来说，这样的项目显然比传统的项目更冒险。项目规模小，最终被实施的概率低。但是由于建筑师身份的自由度比较高，使得我们从参与这个项目一开始就不是为了设计费。甚至不会过多地担心项目是不是能够落地。

之所以参与，是我们享受这种难得的自由创作的机会，以及独立设计价值的实践与检验。“趣城”的另一个重要的意义在于，可能是第一次，有效地将专业人群的智慧资源与城市自我修复起来的免疫需求有机地结合，形成了互惠互益的共赢局面。作为设计师，我们有机会实现一次主动参与城市建设的尝试，这本身就很有意义。

“趣城”在项目筛选与传统评标相比有非常大的不同。传统的评标过程，说起来有些讽刺，尤其是一个重要的项目评标，比如说博物馆或者是像某某大剧院这种类型的城市文化地标项目，因为参加投标的选手都是顶级的设计师，以至于评委有可能出现职业水平逊于选手的情况。从正常逻辑上来说，评委应该在美学素养、知识修养上比选手更高一筹。评审团通过投票来决定优选方案，这个系统在逻辑上是公平的，但是，众口难调，要想得票多,这种逻辑实际上是鼓励“大众口味”的平庸方案的，更讽刺的是，这些评委常常也不是项目未来的用户，当然也不可能对他们的选择承担责任。

回到“趣城”，它以可实施性为标准，设计师与业主有机会在相对明确清晰的同一评价标准下交流设计思想。项目现在操作的模式，评审团里面并没有出现所谓的专业评委，而是直接对接用户，即政府的相关部门，他们不一定是设计专业的，但更关注落地实施，他们以方案是否可行来评价方案，

如果设计师不能充分证明方案的可实施性，方案便可能会被淘汰或搁置。评审过程，方案的美丑不是讨论的重点，这并不表示设计师的修养或者职业能力不重要，而是在挑选邀请设计师的时候已经考虑了这些因素。因此和传统评审机制相比，“趣城”项目的各个环节都体现出对设计师更多的信任和尊重。

对于“趣城”的成果，我觉得值得期待，但是又略感忐忑。“趣城”项目的初衷本就不是要成就一件惊世骇俗的事，它本来就是以渗透式、植入式、针灸式的策略低调而平实解决问题。参与者不管从策划还是从选手都还在磨合探索阶段，包括项目的执行落地、建造商或者是施工单位都有待确定。但它的重要价值大概在于，作为一种新的介入城市全新模式的探索，终于出发了。

我看好“趣城”的未来，“趣城”下一步即将发起一个国际性竞赛，让全球更多的人了解并参与进来。它还有更广阔的想象空间，例如，如果可能的话，为“趣城”项目建立一个数据库，政府建立一个孵化的平台，为项目方案提供一个“保育仓”。将来城市的发展商或者区政府在有需要的时候，通过检索，在“保育仓”里找到合适的项目方案或者设计师，他们可以来认领、认购，然后跟设计师进行沟通，再创造、调整深化方案。

趣城计划·美丽盐田

——寻找旧城区公共空间重生的创新之旅

文 / 陈寿恒　SHDT 寿恒建筑总建筑师

中国的城市规划往往是一种推倒性的和颠覆性的城市发展力度，造成了新旧城区反差巨大的城市空间形态和肌理。城市新区由于快速的发展，强化的是建筑和公共空间巨大尺度上的关系，虽然城市配套设施相对完善，但是城市肌理粗疏，居民缺乏情感上的联系；旧区城市肌理细密而亲切，保留了传统的、以建筑围合的、比例良好的广场街区，但是配套陈旧与时代脱节，发展提升力度有限。城市中新旧城区之间的不平衡发展是现代城市发展的巨大挑战。

“趣城计划”是一个全新的城市设计模式，是对现有城市设计的缺失和脱节部分进行修改和补充；通过对旧城区的针灸式“治疗”，宏观上优化城市空间结构，增加地区的活力；微观上改善生活空间的品质，提升城市景观，促进新旧城区之间更加和谐互补的整体城市发展。

“趣城计划”更重要的一点是构筑起一种以公众需求为主导，鼓励公众参与的城市空间营造方式。所以在运作模式上将会打破传统的政府主导、公众被动式接受的状态，鼓励公私合营、企业资助或者民众自筹等开放的运作方式。政府更多的是起到一种催化剂的作用，建立引导机制并监督项目的执行。民众和社会一起塑造他们居于其中的城市生活空间，这将是未来公民城市建设的典范。

“趣城计划”同时也是设计行业的一大突破。建筑师的工作方式和职责范围有了质的变化。建筑师不再单纯是执行项目工程任务书的设计人员，而是参与到项目选址、制定执行方式和运作策略、与公众互动探讨、落实设计建设，以及参与公众评价，并对后期运营管理监督的全过程。政府提供了一个平台，让建筑师能够从项目最初的起点开始与民众一起定义和构筑我们所诉求的城市生活空间。从这个层面上说，“趣城计划”真正意义上激发了建筑师在城市建设中的职业价值和社会价值。

“趣城计划”的实施有了“核心点”的突破，需要有更多散布在整个旧城区空间中的亮点呼应、串联并带动整个城区风貌的改变。现有的旧城区城市空间较为单调，色彩较为暗淡而空间关系紧张，设施陈旧粗犷而缺乏人性化。结合现状需求植入一些星星点点的趣味设计来点亮整个城区空间，同时有节制有效率地利用小尺度的闲置或废弃空间，激活城市死角，营造尺度舒适而充满老城区亲切温情的生活氛围和充满地域特色的文化氛围，提升社区的荣誉感和归属感。

“趣城”项目是一个特别贴近民风民情的项目，在参与“趣城”项目的过程中，我们致力于创造的“趣味”是发掘于大众的趣味；我们创造的空间是服务于大众的空间；我们创造的艺术来源于民间的风土人情并折射出本土的文化特色。“趣城”的核心是通过政府、民众和建筑师的互动来打造现代化的公民城市。 我们把建筑师放在建设者和使用者双重的位置上，方案构思的取舍更强调有趣、有用、有节、有利。同时，打破创意和落地的脱节是“趣城”的目的之一，这要求建筑师在创意的提出、形成和实施的过程中充分考虑使用对象的需求、场地的地域特色和适合的建造工艺，做到创意和落地之间顺畅地对接。

盐田区政府在“趣城”项目中表现出极大的决心和魄力。在方案的沟通过程中充分信任和尊重设计师的创作；在项目推进和落实的过程中又能够严格从现实需求出发，提供契合片区特色的指导意见和建议。设计师和政府构筑起互助协作的关系，让落地的项目真正体现“趣味性”和“功能性”的平衡发展。政府在项目运作层面上的目标明确和特事特办，为项目的落实创造了必要的条件。

设计的过程中，6 位建筑师之间构筑起团队合作精神，进行了多次的工作坊和团队之间的交流，共同对项目取舍、特色营造和可操作性等方方面面进行反复讨论，最后确立了向区政府汇报的方案和方式。区领导会议在充分听取建筑师总共超过五十多个项目汇报的情况下，筛选出第一期执行项目、第二期执行项目和远期规划项目。近期执行项目经过区前期办公室和相关部门论证后将付诸实施。

我们期待看到项目的完美落成，看到广大民众享受落成后的场地或设施，这是短期的期待。长远来讲，我们希望能看到这种开放的设计和公众互动参与的模式得到延续。我们希望“趣城计划 · 美丽盐田”项目能够比肩甚至超越国际上同类型的代表性项目：比如西班牙的萨拉戈萨“Estonoesunsolar”项目，成为国际上老旧城区提升的典范。也希望看到这种模式能在深圳其他片区乃至全国的同类城市中得以推广。

“趣城计划”项目的核心价值是政府、设计师和公众三方的互动参与。现阶段为了项目的短期效应，政府提供必要的财政和人力的支持，但是从长远来说，公众的参与才是决定项目可持续性的关键。所以，首先我们需要设立一种能让公众表达公共需求的方式；确立落实项目可持续发展的资金筹措方案；建立完善的项目决策、运营和管理的机制。另外，需要广泛发动更多的优秀设计师的参与，让趣味和创意无限。

“趣城计划”中的“趣”与“城”

文 / 杨小荻　普集建筑主持建筑师

“趣城”尝试在城市公共空间中带来新的微型趣味空间，解决城市问题并提升公共空间品质 。从字面意思来说，“趣城”首先就是“趣”，方案要有趣，这不是一个传统意义上的“高大上”项目，而是对城市公共空间的另外一种解读，是一种轻型的空间提案，也是一个自下而上的空间策略；另外一个就是“城”，“趣城”项目针对的目标是城市公共空间，尽管它的尺度很小，但是所有的出发点都是基于城市策略，又是一种自上而下的城市策略。因此，我们认为“趣城”是一个非常特殊的城市空间实践，它尝试从中间往上下探索，是一种结合了极大尺度与极小尺度创新的实验。有趣（fun）且有效（effective），这是我们对“趣城”项目开始思考的最原始的出发点，每一个提案都要至少满足这两个最基本的要求。

建筑师在“趣城”中的定位实际是每个个案的总负责人，从最初的项目定位、策划、可行性分析，到具体设计、概预算和落地都参与其中。由于“趣城”自身的定位，因此很多方案并不是纯粹的建筑设计，而是艺术设计或者产品设计。因此建筑师会更多地参与到与各方沟通的工作中去，有点类似项目协调人(coordinator)的角色，而此种角色背景下，建筑师往往从更多的立场去思考项目的现实基础与物质条件，而非单纯地关注设计本身。

“趣城”是一个在现有体制下项目运作的一次全新尝试，为了保证项目的推进，我们保持着大概每个月 1~2 次的汇报会，在会上我们会对前期调研的成果进行一个大致的汇报，征询相关单位的意见，并据此筛选出比较容易实施且具有需求性的个案。然后在这个基础上进一步与接下来合作的部门进行汇报与审核，基本上是按照之前预想的建筑师寻找问题区域提案——专家评审——区政府决策——各部门协调的模式进行，是一种自下而上、自上而下同时并行的方式。

建筑师全程参与了项目评定的过程，在全过程中，我们也收到了各方的意见与反馈，最大的一点体会是站在不同立场上的专家对公共空间的定义具有一定的偏差。建筑师对于公共空间的理解往往只是从空间和人的尺度出发。对于一个能被各方接受的公共空间，最大的考虑因素是安全性与管理保养的便利性——安全性是公共空间最重要的属性；同时每一个公共设施在实际使用中，都会遇到后期维护的问题，尽量少的维护成本和简便的维护方式，是一个公共空间最终使用质量与长期性的保证。我们最终选择落地的方案其实都是遵循着这样的逻辑，简单易施工，造价经济并且后期养护较为低廉，且不存在安全隐患。“Q巢”项目和“去味表皮”都符合以上原则，同时我们也针对实际情况对这两个项目进行了一定程度的修改，使它最终走向落地。而其他的一些案子，如我们一直很喜欢的漂浮标志，则是在后期维护上尚有争议且负责单位不明确，因此暂时尚在讨论之中。而灯桥的项目则由于在现有项目管理下，分步实施的难度较大且投资较高，所以暂没有被列入计划。

“趣城”是一个体系而非单独的个案，单个的案子或者能有趣，但还不能称为“城”。我期待更多建筑师都能参与到这个过程中来，按照“趣城”的逻辑，为城市中大大小小的公共空间提出具有多样性的解决方案。因此，在这里我们并不希望大家将焦点聚集在“趣城”个案的建筑学成果上，而是待足够多的建成项目形成一个较为完整的“趣城”地图后，再来探讨这一新的城市公共空间规划与建设方式。

“趣城”不是一个单纯的规划或建筑项目，而是一个城市公共事件。为了让这一事件能够持续进行下去，需要更多参与者（participant）的关注，并更加积极地介入到决策中去。从经济、文化与社会的角度，形成一套多方协同工作的模式，并能在现有的城市管理体系中顺利推进下去。我们希望能将这一模式记录并整理出来，形成一个标准化的设计过程，减少一些中间流程，让设计师和相关部门更快地进入角色，更有效地推进项目决策与落地。长此以往，在可预见的未来，“趣城”项目就能形成一套可复制的模式，在全深圳乃至全国进行推广，为用设计思维解决城市问题的方向发掘出一个新的思路。

后都市化时代的修修补补

文 / 冯果川　筑博设计股份有限公司执行首席建筑师

“趣城”呈现出城市规划的一种新模式。区别于之前城市规划体现出的强烈的系统性、整体性、宏大叙事，对城市发展的高远目标的追求。“趣城”没有设定所谓的宏大目标和规矩体系，而是选择从微观入手。在这里，城市规划者抛却职业角度，以市民的身份去体验城市中的缺失，从而于微观处感觉到以往城市规划宏观视角中无法很好解决的城市问题和漏洞。所以“趣城”是一种从微观着手，对宏观城市规划的修正和补充，同时也代表了一种趋势，这是我认为比较新颖和有意义的地方。

在“趣城”项目中，角色的转换是非常有意思且有意义的一点：作为一个市民，是提出问题的人；作为一个建筑师，是可以提出一些策略的人。这些策略本身还是基于建筑学的背景，也就是说，场所的营造是我们关注的焦点，让一个没有任何趣味的场所变得有趣，而不只是建造一个视觉刺激的东西。我们想让设计变更无形，不想依靠单纯视觉的愉悦。设计对场所介入的可能就是在这儿有一片阴凉、有一些植被、有一个东西可以让人逗留片刻，它体现的是对感官的综合把握，这也影响到了后来我们对方案的筛选。

说到项目的筛选，我们跟甲方在基本的方向上是有共识的。双方都认可我们要做的事情是比较轻的、微观的，建筑师参与进来并不是要体现自身的存在感，而是要解决现实的问题，并保证成本最小化、介入最小化，所以一些大尺度的东西，建筑师自身先行把它筛除掉了。一些提案大家都觉得很喜欢很有创意，但是时间仓促还不能细化或者客观条件还不是很成熟，这样的方案，我们准备建立一个“提案库”，在适当的时机，可以调用和实现。

“趣城”筛选方案的机制较之通常的评审有些许创新之处。之前建筑师提交方案后，由甲方关起门来单方面决定是否使用，“趣城”的项目评定是敞开的，建筑师有机会谈一谈为什么选择就这一地点进行这样的改造。其实在项目之初，就是建筑师自己去找寻和发现项目而不是被动接受委托，有提案之后，政府来听建筑师的陈述，对话交流后才判定哪些现在可以做，哪些没必要做，哪些以后去做。

在“趣城”项目完全落成之后，我希望看到我们的设想如何跟现实发生碰撞，从而有机会校准我们对现实的认知。我是第一次介入到如此细碎、微观的项目，我很希望能够看到，在这一崭新的操作模式下，建筑师以一个很模糊的身份——介于景观设计师、建筑师或者公共艺术家之间——创作出身份不明或者说混合着不同基因的作品。

关于“趣城”项目的未来设想，我希望这个平台能够发现并容纳更多的人，让我们看到更多新的思想。此外也希望能够有一些围绕着“趣城”展开并持续的活动，比如媒体的介入——借助传播的力量向其他城市推广这一模式，能有更多的城市用这样一种方式解决城市中微观的问题。

理想主义的城市改良

文 / 张健蘅　张健蘅建筑事务所（JS）创办人，深圳大学客座教授

“趣城”是令人兴奋的项目。与其说是项目，不如说是尝试，是严谨的官僚机制与散漫的创作机制间大胆的嫁接实验。“趣城”是建筑师主动发现城市问题，进而向政府提出建议，经过碰撞和协商一致后，立项成为政府项目实施。立项的流程照走不误，但是与常规项目不同，这次建筑师更主动，而不是迫于政府部门的规定，整个过程像是“倒叙”的故事环节。

关于项目中建筑师的角色定位，我认为“建筑师”被邀请来“趣城”不是当“建筑师”的，是以我们发现城市问题的洞察力和创造美的巧思去实施城市艺术。从一开始我就认为趣城将要呈现的是低成本高效应的艺术而不是建构性的设计。在我看来，提案的实施取舍就在于“可实施性”。换言之，由于不明的影响因素太多，项目实施起来需要“天时地利人和”。

争取落地是规土委、盐田区前期办和建筑师们的共同愿望，看似目标一致，但是实现起来却非常艰巨。建筑师看不懂的是政府项目立项的繁复流程与不明所指的机制，政府方面更不是“一人堂”，没有常规项目的经济技术指标和行政动机在前面，决策显得没有了准绳，也打乱了一些政府同期实施项目的阵脚。

在“趣城”项目过程中，建筑师一直很辛苦，市规土委和盐田前期办也一直悬着心，但全员的全情投入，让人非常感动。我认为“趣城”的意义就是试验一种自下而上的城市环境优化机制。我们的期待是它在盐田的第一步能真正踏出去，而今天看来这已经不远了。进一步的期望是趣城盐田能够成为一个源头，影响更多的中国城市在自我更新机制上的创新。

一次给盐田区的城市针灸

文 / 陈泽涛　坊城建筑创意总监

“趣城”在总体概念上是一种自下而上的城市设计新方法，让建筑师实时实地体验生活进而发现问题，通过对一些细微的节点进行针灸来激活城市空间，提升城市质量。

建筑师在趣城中的定位很像是一个老中医，中医认为只要一个人气血是通畅的，这个人的机体就一定是健康的。建筑师需要通过自己的观察来发现城市片区中的问题，然后用一些温和的手段来调理，通过针灸式疗法打通关键点来改善片区的使用状态及人居品质。在这样的定位下，建筑师更多需更宏观的分析、梳理我们所发现的盐田区片区的特色和问题，用恰到好处的介入，做到最小的动作，取得最大的效果。

由于这样思考城市问题的方法太过新颖，牵涉到的市政部门过多，所以项目的实施难度很大。项目筛选更多的是由政府的经验来判断目前这个阶段什么样的项目能够实施，最终导致建筑师的意图很难得到支持和落实。但与设计师一起讨论，互相激发的过程还是很有意思的。创意和落地之间的距离虽然还是很大，但目前我们已经有两个项目“互动栏杆”和“梦想舞台”正在实施运作当中了。

“趣城”是一次很有意义的实践，应该持续推进和开放平台引入更完善的竞争和评审机制，加强宣传、推广的力度，以期改善我们的城市和我们身边的环境。

“趣城”项目就像星星之火，希望最终可以成燎原之势，希望更多的设计师、更多的普通居民能够提出改善身边乃至居住环境的建议和方案，共同为打造美丽的城市尽一份力。

首战感悟

文 / 陈寿恒　SHDT 寿恒建筑总建筑师

我觉得“跌宕起伏”四个字最能体现我们在趣城盐田实践设计过程中的情绪变化。从好奇心到激动到着急再到失望甚至绝望，再到初现光明，心怀设计重获新生后的激动和期盼，心理历程犹如正弦曲线波动。总的来说，接近两年的项目执行中的各种经历是难忘的，是其他项目未能提供的一种“折磨”。建筑师的社会责任感、使命感以及对新鲜事物不断探索求新的欲望一直推着我们前行，这是对建筑师的一种历练，同时也是对公共服务项目严谨性的一次考验。政府和设计师在这个过程中都付出了艰辛的努力，在这漫长的过程中，大家都没有放弃，而是不停地在研究如何在现有的行政制度和项目执行方式中找到突破口。我认为这个过程很重要，它给未来城市的发展提供了参考和依据，同时也让设计师真真切切地感受到了政府推动项目的决心以及制度管理的力度。没有非常有原则的制度管理，城市会乱；制度定得过于死板，城市就会缺乏创新的活力。如何把握制度的弹性，结合地方特色推动创新性项目的落地，确实是一门学问。非常感恩，我们有这个机会去体验。

直观上，趣城项目的推进过程从概念的形成到项目落地，跟一般的规划建筑设计项目并无多大区别。一期工程包括规划概念的提出、可行性研究、概念性方案设计、深化设计、估算报价、报批审核、招标、建设和后续维护管理等几个阶段。然而各个阶段具体的工作安排由于项目的独特性会和传统项目不同，这主要体现在以下几个方面：

1. 在项目前期，建筑师需要主动承担选址、制定任务书、概念设计、可行性研究和论证等工作。

2. 在项目深化设计的过程中，建筑师除了需要提供深化设计图以外，还需要提供非常详细的项目实施方案，论证落地项目的实用性和具体工艺的可行性。作为首创性项目，很多细小的技术和场地问题都可能被放大，需要经过认真论证并得到妥善处理后，设计方案才能得到确认。这个过程是反复循环的过程，短则几个月，长则一年以上。

在项目工程报价、议价和发改审核阶段，建筑师需要提供项目报价的详细依据，以佐证项目实际所需的必要费用。由于项目的特殊性，很多具体工程量，特别是制作安装的人工成本根本无法准确估算，尤其是一些需要技术研发的项目，研究费用的投入更是很难确定。这就导致了这个议价的过程非常漫长，有时这个过程甚至演变成设计师与发改审批部门的一场“博弈”。可喜的是，最终问题还是得到了妥善解决。

“趣城 · 深圳美丽都市计划”特邀六位深圳本地先锋建筑师自由创作，在项目开始的时候没有任何限制条件，更多地从趣味的角度出发，开放思路，然后再结合场地调研的情况做最后筛选并报请区领导决策。11 个落地项目确认后的深化工作要求更多的从场地条件、材料和制作工艺出发，详细论证方案落地实施的可行性。由于项目的实施路径没有依据或前车之鉴，区前期办和各部门一起商讨可能的实施路径方案并在 2016 年初报区领导会议，会议决策参照城市艺术装置实施的方式——“单一来源采购”的方式作为项目落地实施方案的尝试。由此，趣城盐田项目正式进入推进实施阶段，六位建筑师出具详细的施工图，征询厂家价格形成报价方案并报请区发改委审核。由于政府项目采购定额比较低，就算是参照雕塑取费标准，取费依据必须明确，建筑师与区发改委委托的概算协审单位经过多轮的报价和议价的过程以后，概算价格报请区发改委，并开始走招标流程。招标流程最核心的内容就是要制作施工组织方案和与造价谈判专家进行议价，最后定下政府和建筑师双方都能接受的造价以后，正式进入到装置的制作和现场安装的流程。由于各个趣城项目的规模和建造技术难度和场地条件都不同，所以各个项目的实施会有比较大的时间差，可能一些项目已经落成，甚至个别项目由于占用交通通道已经被拆除，个别项目还在深化设计和报审的过程中。趣城盐田实践项目颇具挑战性的是最后的装置维护和保养问题，作为设计和施工一体化的项目，建筑师也承担着后续几年内维护管养的任务。

谈到趣城盐田实践的优点，首先趣城是一种城市设计的创新，为未来的城市发展提供了另外一种可能性。这种创新特别适合深圳这个经济发达的开放性地区。我们的城市发展越来越成熟，居民对生活品质的要求越来越精细，原有粗线条的城市规划必然有许多亟待改进的地方。趣城提出的新策略是一种进步，非常适合深圳在现今发展阶段的特别诉求。趣城的设计过程，首先是对整个城市空间的细致扫描，这个过程是通过建筑师的脚来完成的。我们走遍全城，详细记录城市中每一个角落的具体情况，感受不同人群的需求，了解整个城市的脉络，发现存在的问题。趣城提供了一个难能可贵的机会和平台，让建筑师从真正意义上细致深入地去了解我们生活的城市，借助不同人的视角去看待同一个场景，寻找适合的解决方案，这对建筑师未来的设计方法有特别的指导意义。建筑师对公共设施和公共空间设计的积极性和热情在参与趣城的这一过程中受到鼓舞，而且，趣城计划把很多建筑师都调动起来，让建筑师团体能一起出谋划策共商城市发展大计，这是其他设计模式所不能比拟的。从另一个角度，这也是对我们所有建筑师去真正理解社会责任感的一次锤炼。社会进步、科技创新，在建筑教育方面也迎接着来自四面八方不断迭出的新技术、新工具、新思潮，如果脱离建筑和设计的本质，建筑师很容易被大胆创新甚至脱离现实的“为所欲为”的“野心”所左右，于是造就出我们城市中一些奇特炫酷的景象，使得建筑设计行业之于大众的印象从专业、严谨、舒适、优雅等幻变成神秘、奇特、不接地气、难以理解。而趣城计划的设计过程与此恰恰相反，它让建筑师从真正意义上看到需求和创新的联系，真正做到了以人为本的设计，建立起人与城市之间的情感。从这个意义上说，参与趣城设计的过程实际上是建筑师锤炼高尚社会情操和社会责任感的一次修行。建筑师在趣城项目中增强了对城市空间改造提升的参与感，民众也被带动了对城市市政和公共空间改造和利用的好奇心和参与感。很多互动装置在以前没有出现过，大家也没有机会接触或体验，趣城项目把这些创新的元素带到了各个社区，甚至一些偏远的角落，让处于其中的人重新发现生活中美好的东西，这种新鲜感非常特别。同时在与民众互动的过程中，趣城项目也加强了人们对深圳、特别是盐田区的归属感。趣城项目实打实的对城市中一些消极空间的再利用和提升有重大意义，让那些荒废遗失的城市角落能重获生机，而从“第一个吃螃蟹的”试验地——盐田区的角度出发，趣城项目提升了盐田的国际知名度，让盐田成了社会和设计界的焦点。缺点和优点是相关联的，甚至可以说是优点所带来的。

趣城的创新性带来的除了机遇以外，也会有挑战，甚至在某些地方存在失败的可能。首先趣城项目是开放性的、是以建筑师的自由创作为前提的，同时以趣味性为向导，它并不一定能获得每一个人的认可，所以争议声不会少，趣城设计的过程也是冲破争议的过程。适合个体的不一定适合大多数，每一个设计点都可能存在被质疑的声音，这种质疑和争议持续到趣城竞赛仍然没有停息，甚至还将持续下去，这恐怕是所有市政或者公共艺术类项目都会面临的一种情况，这是必然的。作为第一次的尝试，趣城盐田实践存在些许弊端是在所难免的，到趣城竞赛的时候就会进行修正或规避。例如，概念性规划中的设计点太过于分散，落地项目也少，因而很难形成规模效应，社会影响力有限。这个问题在趣城竞赛中得到改善，趣城竞赛是按片区规划要求布置的，甚至是以系列来执行的，因此能形成一定规模。另外，趣城盐田实践的设计比较发散，缺乏统筹，虽然有详细的场地考察，但是有些项目的实用性是存在一定问题的。在竞赛的设计中会更加斟酌项目落地后的实用性。最后，趣城盐田实践开始是无偿的，后续完成落地项目的费用也比较低，巨大的投入和长时间的消耗也会磨灭更多建筑师参与进来的热情。这种理想化的模式是否能保持生命力，依靠情怀能否吸引更多建筑师来积极参与，特别是在设计市场环境比较好的今天，如何找到一种可持续发展的趣城计划非常重要。趣城需要的是一种模式，一种推动力，让它能持久下去。

生态建筑示范

局内设计

“趣城”相对于正统的城市规划在思维方式和逻辑上可以说是反其道而行，传统规划是自上而下，从宏观到微观；而“趣城”则是自下而上，见微知著，从非常细微的地方去认识发现城市当下的问题。

在“趣城”的项目中，我们有过很多构思，其中有一个项目，叫作**“自行车雕塑公园”**。盐田区早就实现了城市公共自行车系统，很多被过度使用或者无法修缮的自行车被成堆地遗弃在城市的角落。而同时盐田正在打造一条“自行车运动山海通廊”，在廊道的两侧计划安放一些与运动主题有关的雕塑作品。我们发现这是一个可以让废弃自行车获得重生的机会；将这些废弃的自行车拆解，再重新组合成若干自行车公共装置作品，沿运动通廊放置。

因此，我们想把这些自行车拆解开来，然后用焊接方式做出很有意思的城市雕塑，沿着盐田的自行车道两侧摆放。我们准备做五到八个，沿途大家骑自行车的时候看到这个雕塑既传达了一种环保理念，也是一个很棒的城市构件。

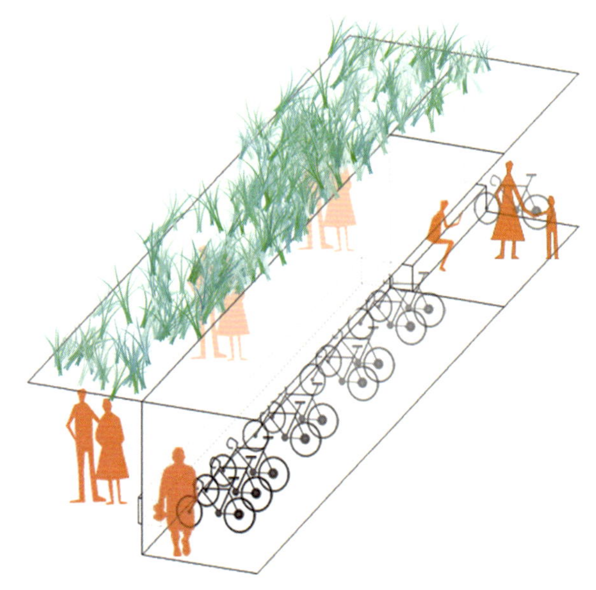

城市公园家具

局内设计

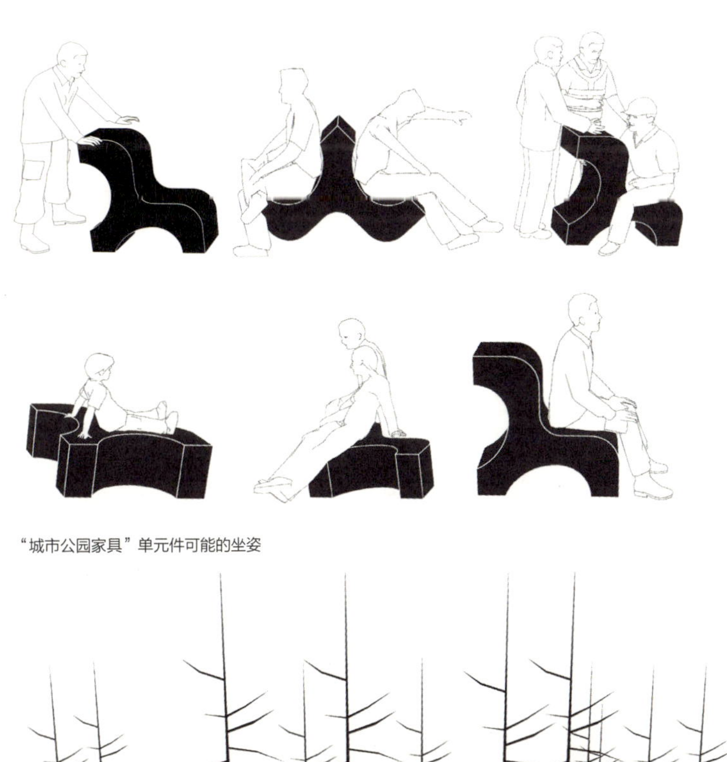

“城市公园家具”单元件可能的坐姿

“城市公园家具”模型场景

最终被采纳的设计是**“城市公园家具”**，它是单元式、可以被随意放置的，所以没有特定地点的要求。在设计时我们有几个愿望：

第一，希望它和树结合。深圳盐田的夏天非常炎热，街头有阴影的地方是人们愿意待的地方。

第二，希望它在一些有人气、有人活动的地方，比如说路边、街边的拐角、公共汽车站或者自行车的停放点，这些地方有人流，却缺乏城市设施为人们提供舒适的、适合聚集的空间。

第三，我们不希望影响和破坏现有的城市功能。

最后，希望这个产品是安全的，不要放置在水平线以下或者陡坡上面。

表皮结构
Façade structure
模块化植物填充
Module Greenery Blocks
氟碳喷涂铝制格栅
Aluminum Grids
屋顶
Roof
聚集
Meeting Point

梧桐山登山口

去味表皮

——去味 + 标识

普集建筑

去味表皮则是对标识和去味这两个功能的整合，即在登山口和垃圾站的中间建立一个分割，将这两个矛盾空间从视觉上隔开，同时引入绿墙与水墙对浮尘进行固化处理，降低垃圾车作业时候的漂浮物产生的气味影响。在第一版的设计中，我们的表皮基本是垃圾站的延伸，而在之后的修改意见中，我们给予了去味表皮更强的标识性，强化了作为登山口标志的作用，与垃圾站的分离也使其更好地融入登山口空间中去。

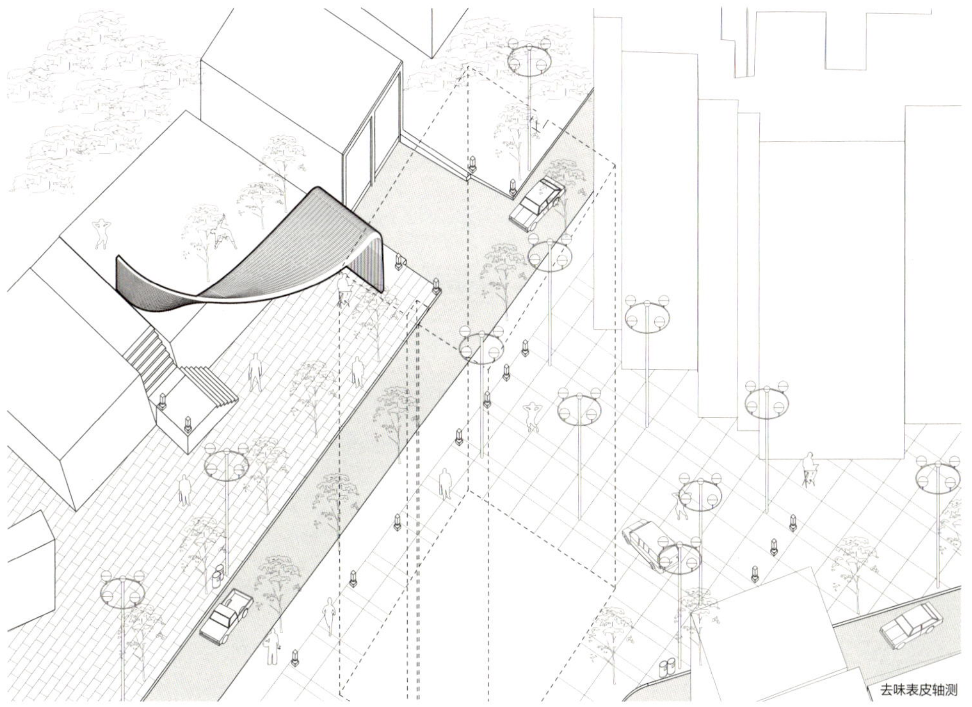

去味表皮轴测

在“趣城”项目开始之前，我们就尝试对城市的矛盾空间进行了一系列的研究，试图梳理出公告空间背后形成的原因，在一个措施里面集合多种功能，用最小形式的介入来得到最大解决的成果，并形成一系列城市极小公共空间的提案。

而“趣城”盐田则是我们这一思考过程的具体实践。最开始的时候，对“趣城”的每一个区域进行了实地的探访，梳理出问题以及问题背后的成因，我们采用一些较为发散的思考方式，尝试从各种不同的角度，而非仅仅是建筑的角度去思考解决方式。

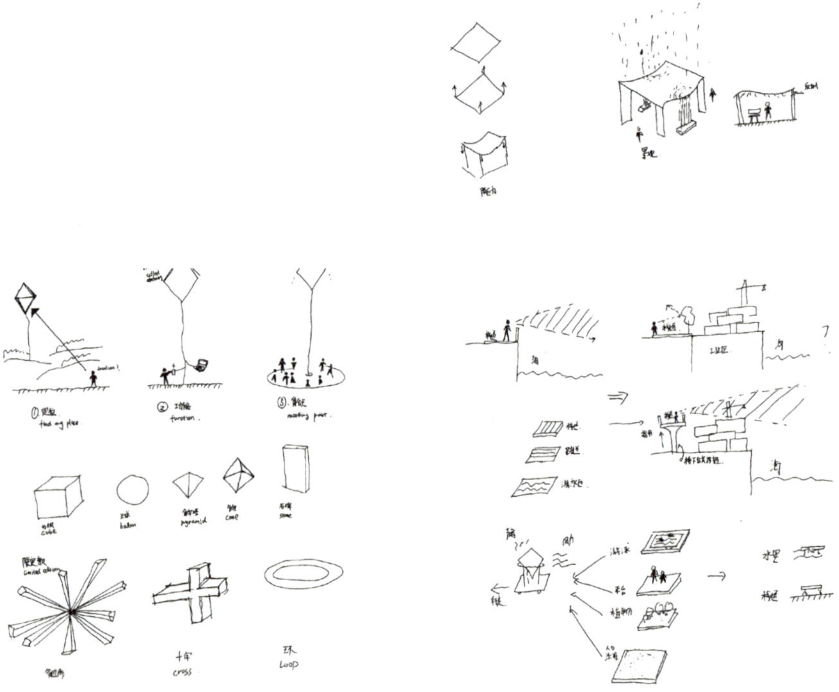

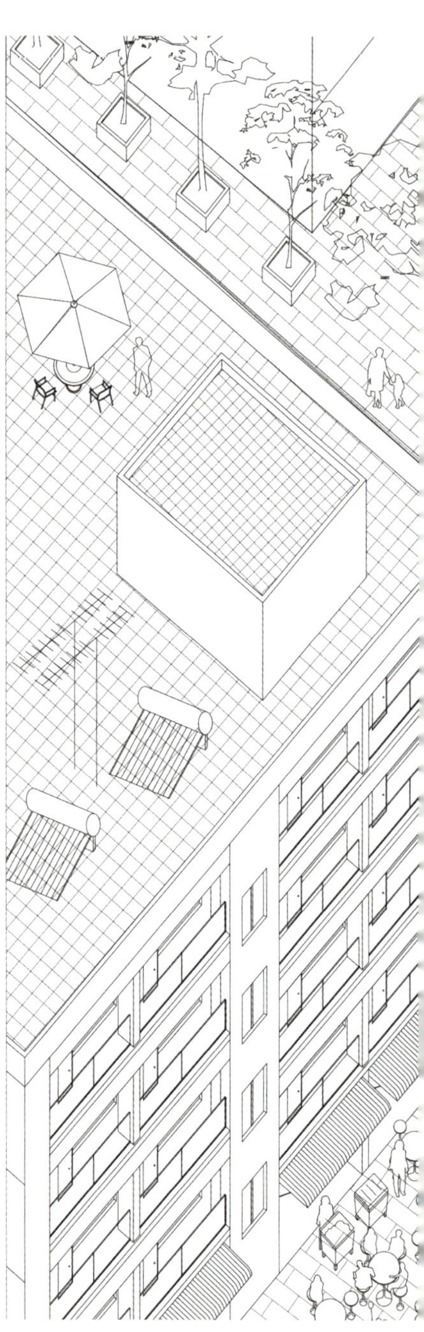

方案过程示意图

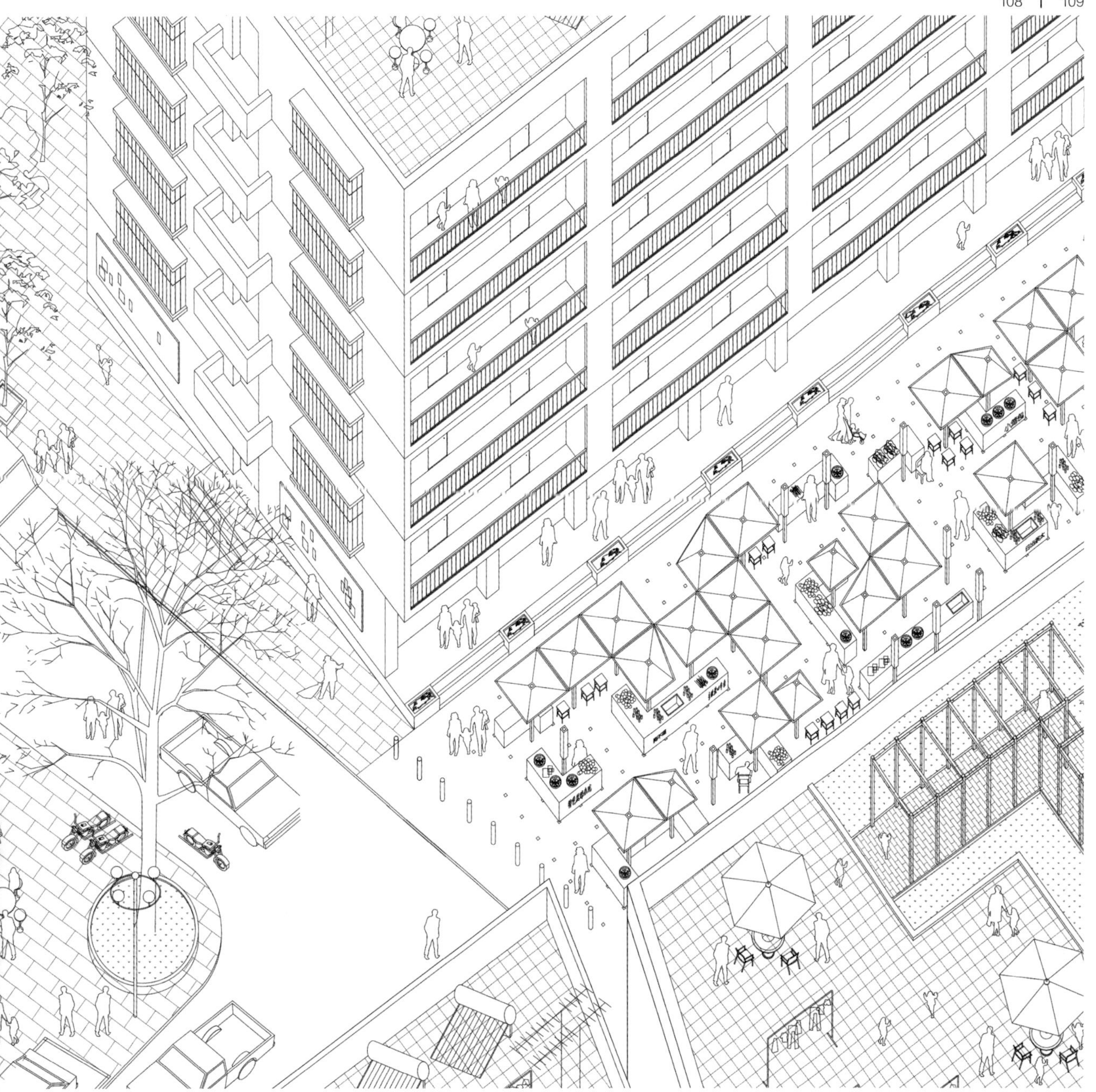

狗厕

——厕所 + 娱乐

普集建筑

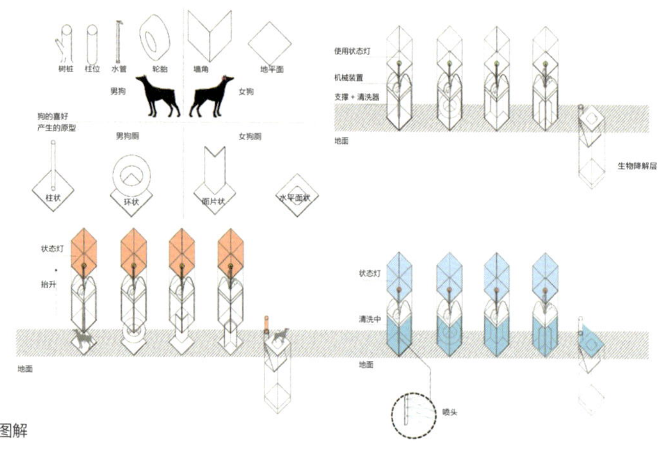

图解

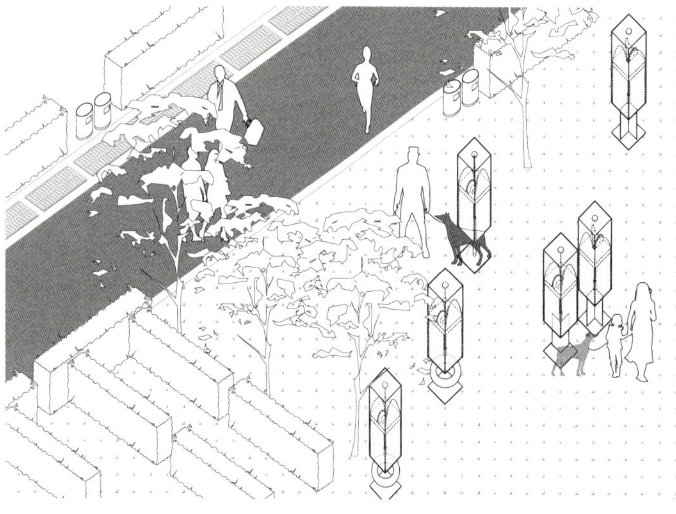

狗厕环境轴测

狗厕是我们针对爱狗人士推出的构想。在盐田较为完善的绿道上，有供人使用的厕所，却没有针对宠物的相关设施，而在绿道上遛狗，是当地居民非常喜欢和频繁的运动。我们爱狗的同事对狗的方便行为进行了一系列研究，针对公狗和母狗的不同需求设计了专为它们使用的狗厕，并且用不同的指示灯颜色趣味化整个方便的过程，为遛狗的市民带来一点乐趣，同时免去了手动去处理狗便的麻烦。

效果图

互动栏杆街道功能图

互动栏杆

坊城建筑

我们在进行了多次场地调研和分析的基础上，提出了几个构想，每个构想都是结合盐田区的特色以及独特的场地位置来进行提案的。

调研中还发现，盐田区现有的交通护栏普遍单调乏味，且人行道上缺乏休憩、就餐、交流的场所。“互动栏杆”的设计结合原先的栏杆结构，其上面复合桌椅板凳、自行车停靠站、路边公益广告牌等。虽然是一个简易装置，但是能够发挥很大的效应，对改善城市公共空间有很大的帮助

（“互动栏杆”项目正在实施运行当中。）

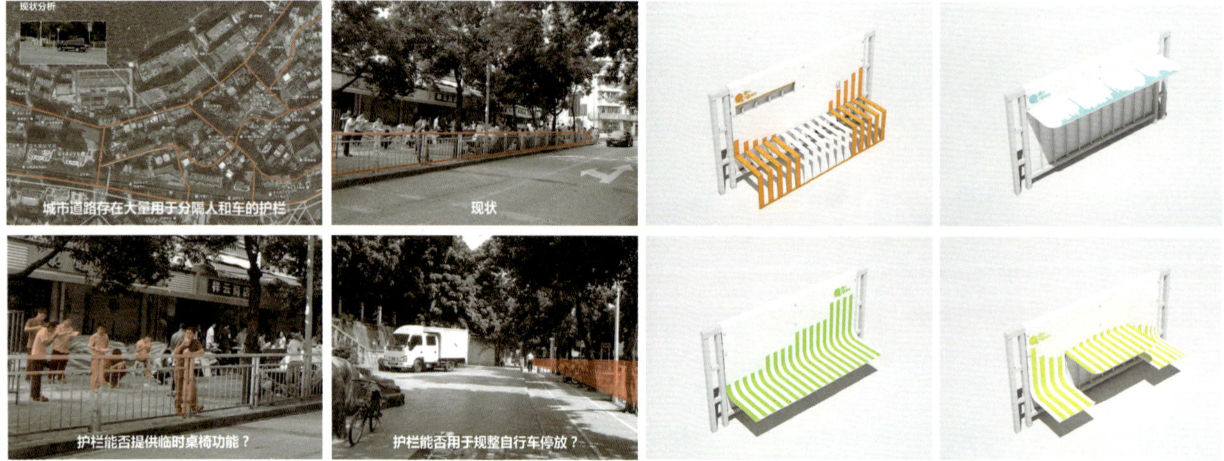

“互动栏杆”四种设计

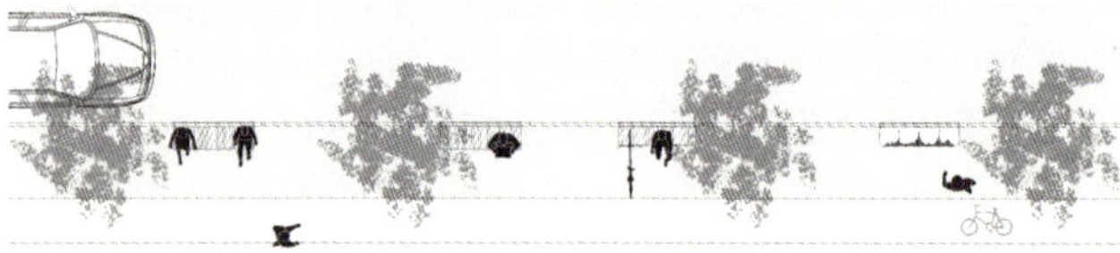

平面图

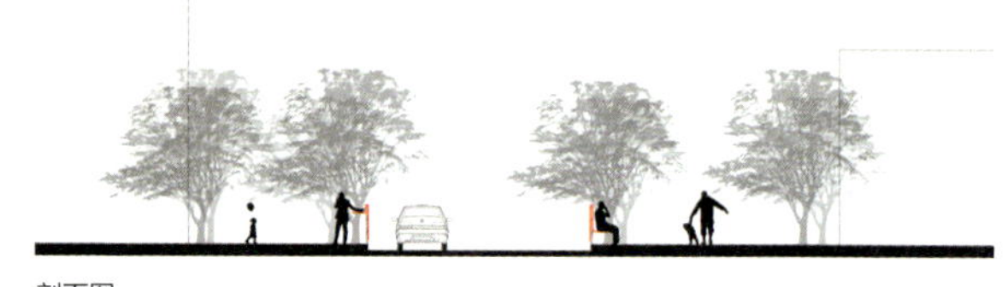

剖面图

沿街立面图

剖面图

互动栏杆

海浪琴声效果图

海浪琴声

寿恒建筑

“趣城计划”是一个全新的城市设计模式，是对现有城市设计的缺失和脱节部分进行的修改和补充；通过对旧城区的针灸式“治疗”，宏观上优化城市空间结构，增加地区的活力；微观上改善生活空间的品质，提升城市景观，促进新旧城区之间更加和谐互补的整体城市发展。

项目选址

场地现状

轴测图

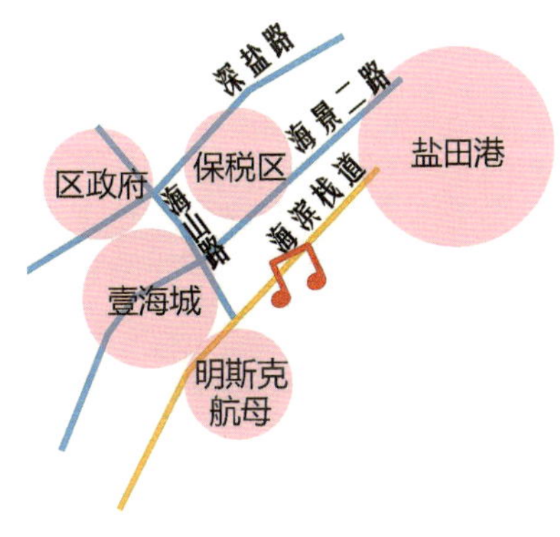

“海浪琴声”是一个独特的声学景观作品，是国内全新领域“声景观 Soundscape”跨界之范本。项目采用管风琴声学技术，由 7 组，每组 5 个，共 35 个管道组成。项目的声学原理是利用海浪冲入特制混凝土的管道（隐藏在主体台阶建筑内），海水压缩管道内的空气产生共鸣而发出单一频率的声音；声学设计的管道群均布组合在一起，共鸣产生谐波频率的声音群，组成优美的乐声，配合海浪大小的变化，融合成带有和谐音乐的海浪琴声。

“海浪琴声”项目在建筑设计上由海上管风琴、景观台阶、海上防护栏、公共职能化管理系统及基础配套设施组成。错落的台阶和临海的栈道边上分布着自然的扬声装置，传送由海与风奏响的自然之音，人们可以伏趴在台阶上，通过地面上的传声孔，或者贴近栈道上树立的高低错落的传声管，倾听来自海浪与海风演绎的奇妙音乐。台阶与海上防护栏围合出一片戏水区域，提供了与海洋的亲密接触。“海浪琴声”建立起人与海洋自然之间更加丰富的互动，通过建筑构造与声学装置共同营造天人合一的境地，传达人与自然的和谐共鸣。

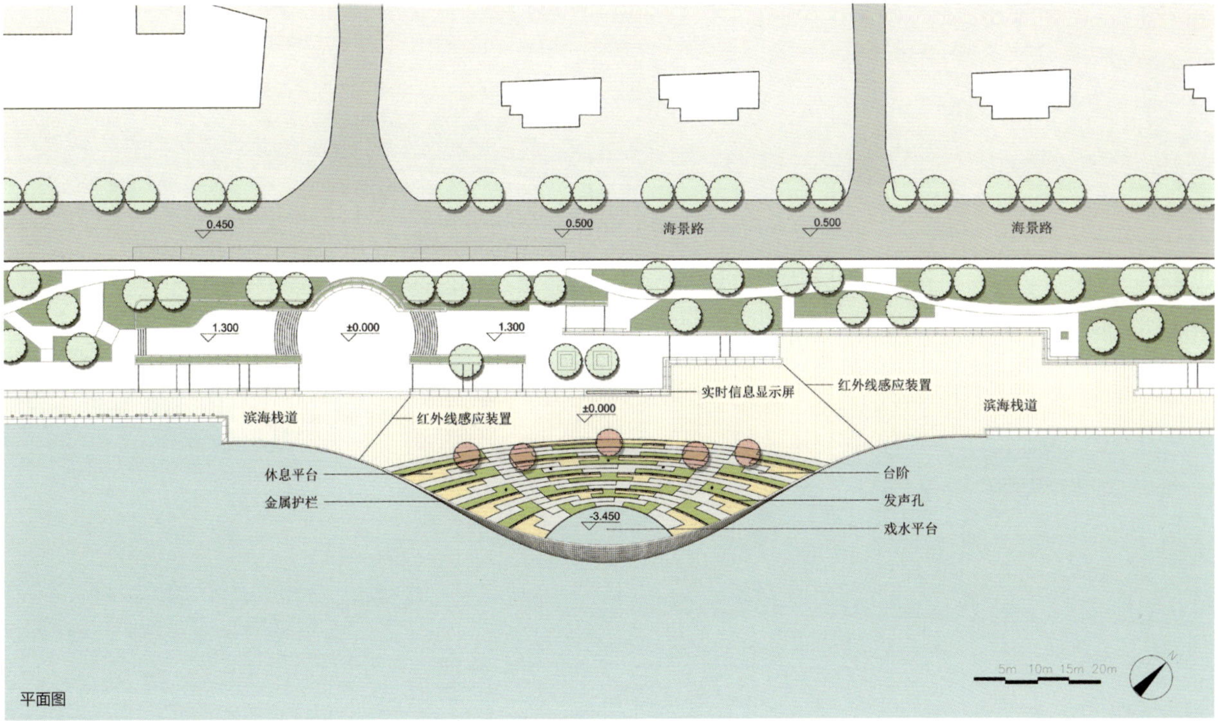

平面图

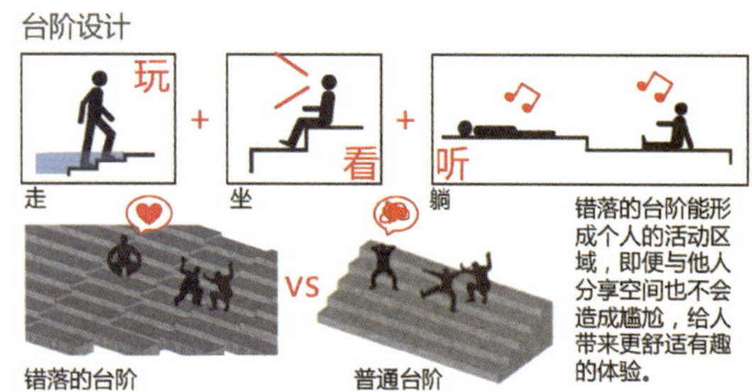

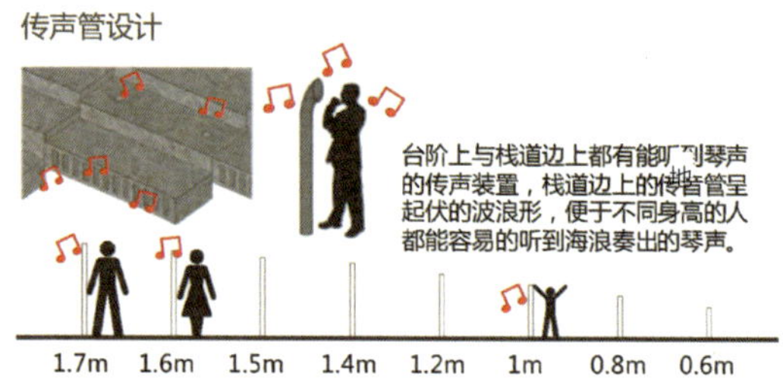

景观灯
实时信息显示屏
-2.400
±0.000
金属护栏
戏水平台
休息平台
台阶
服务走廊
20°
进水口

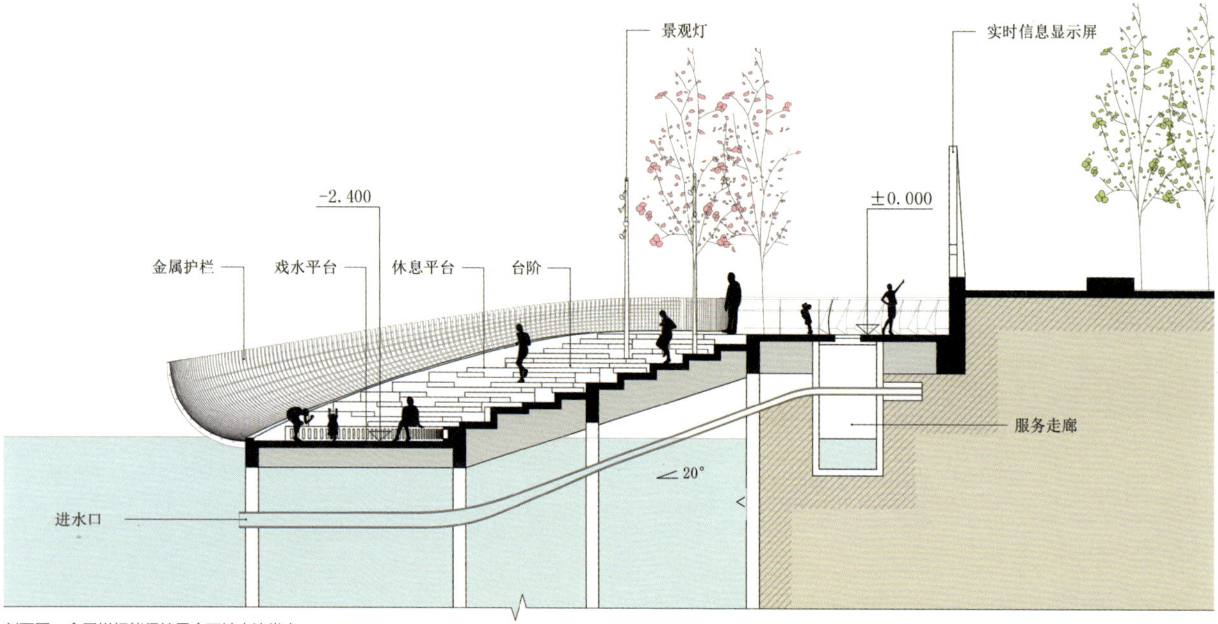

剖面图—金属栏杆能保护民众不被大浪卷走

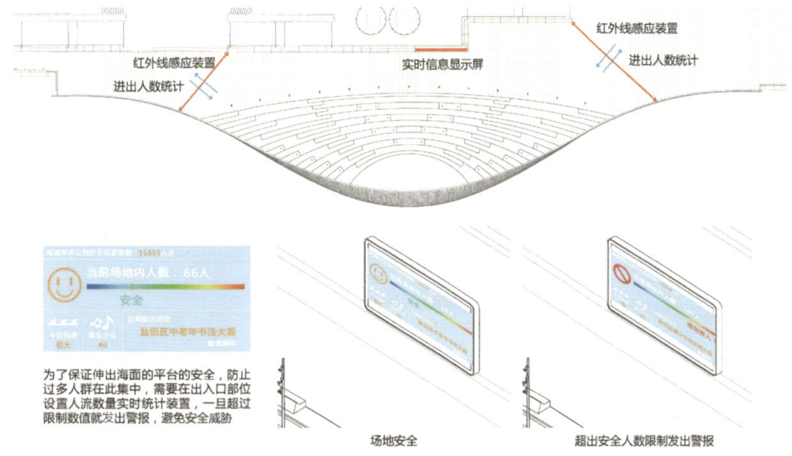

为了保证伸出海面的平台的安全，防止过多人群在此集中，需要在出入口部位设置人流数量实时统计装置，一旦超过限制数值就发出警报，避免安全威胁

围护结构设计—区域内水面高度会随着海平面的高度而变化

盐田城区将山和海的自然资源隔离

城市需要大自然的声音

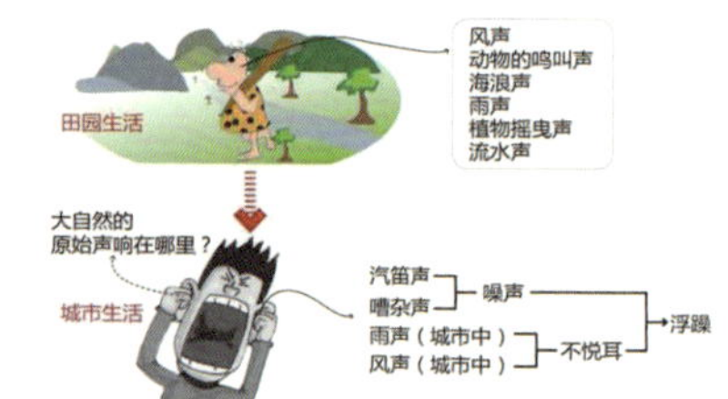

人与自然相融的设计思想

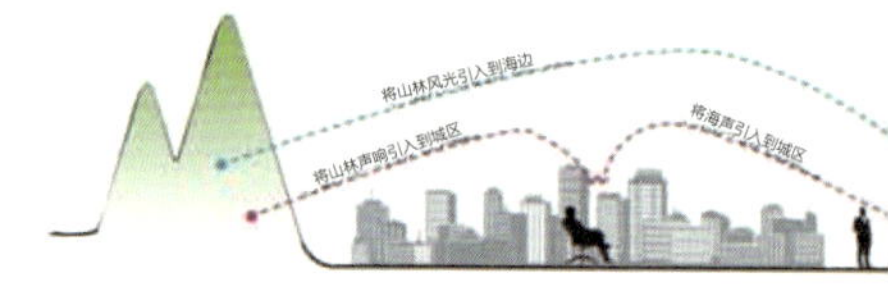

山呼海应

寿恒建筑

“山呼海应”项目设计基于“将自然的感官（视觉、听觉）带入城市”这一构想。现代都市各种喧闹嘈杂的声音充斥着我们紧张浮躁的生活，而海岸山野中的风声、浪声和树林随风摇曳的自然声响总能带来舒畅、愉快，并抚平烦躁的心境。

我们希望通过两个简单的装置重新唤起山、城、海之间的联系，以声音和视觉的互动，让山与海在城区中渗透，构建现代的自然都市。“山呼”利用镜面钢板结合最常见的小树丛，构筑于海滨栈道上，利用反射作用，在很小的有限空间内构筑起亦真亦幻的山林印象，并通过现代的无线 wi-fi 装置，把山林的声音带到海边，创造山与海在视觉和听觉上的呼应。“海应”装置通过实时的声音传动装置，在城区的海山天桥和壹海城前广场构造山林和海浪互动的声音体验。

关注城市的环境发展，关注自然赋予盐田独特的优势。“山呼海应”装置虽然尺度很小，但是它们能够让我们在城市中重新感知自然的气息，唤起我们对自然生活的珍惜和向往。同时也可以作为城市构成的一部分，点缀和梳理现代化的城区空间，成为未来国际化城市景观的有机组成。这些布局考虑最大与自然协调统一，以达到风景、人与环境、建筑与环境良性交流互动。

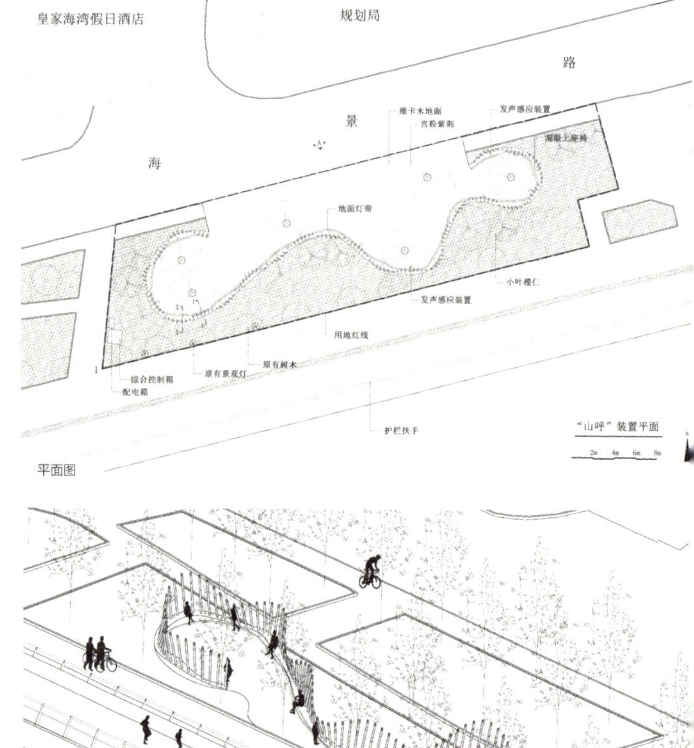

平面图

鸟瞰图

“山呼”日景效果图

“海应”效果图

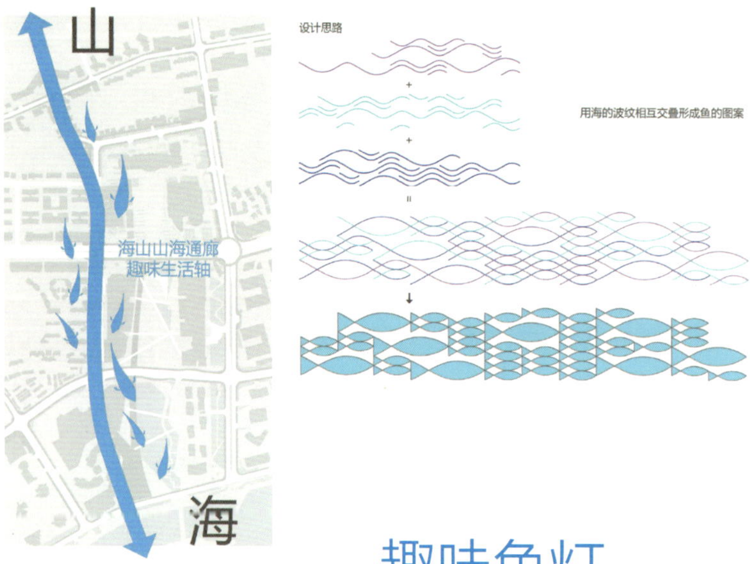

趣味鱼灯

寿恒建筑

构造做法

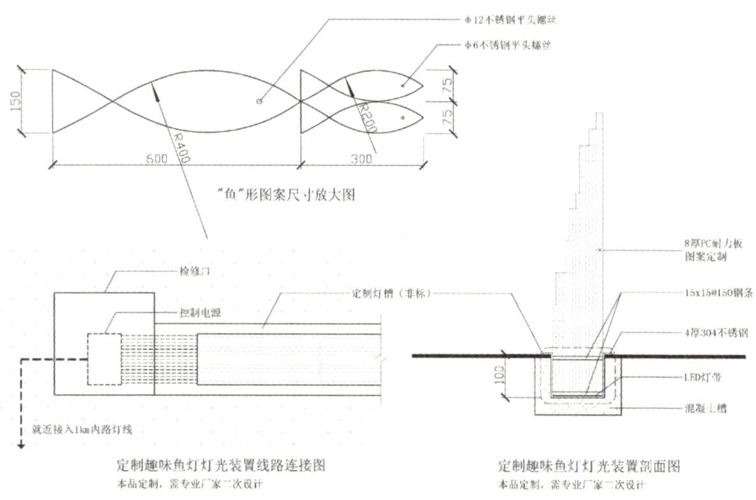

"鱼"形图案尺寸放大图

定制趣味鱼灯灯光装置线路连接图

本品定制，需专业厂家二次设计

定制趣味鱼灯灯光装置剖面图

本品定制，需专业厂家二次设计

效果图

文化之树

寿恒建筑

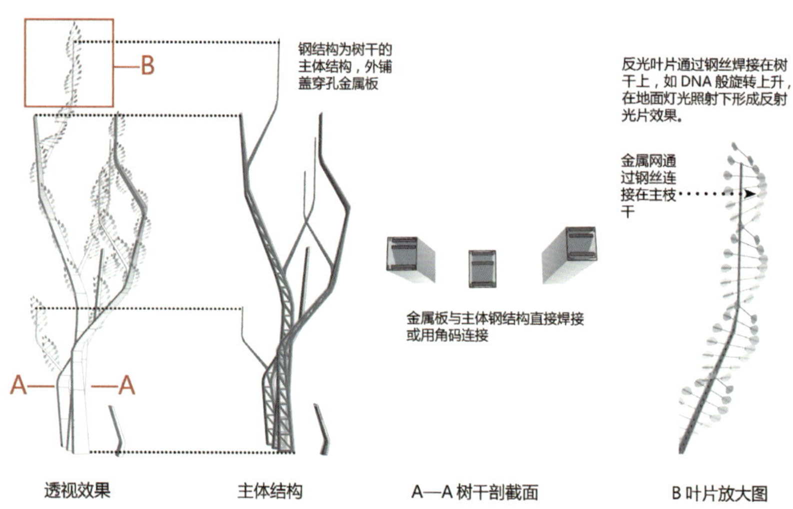

构造做法

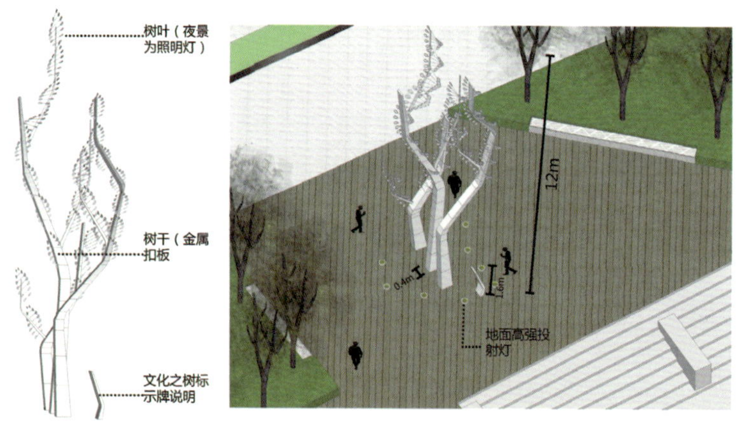

功能尺寸说明

效果图

洞不洞

张健蘅建筑事务所

我们希望通过“趣城”项目激发民众对盐田精神实质的发问，进而自我解答，目的是提升区域凝聚力和幸福感。同时我们对地点和命题的选择非常随性，都是有感而发的。可以说，这是我们有史以来最自由的项目。

幸运的是，为盐田河几个桥洞实施亮化，解决频繁通行安全性问题的灯光装置提案“洞不洞”(“洞不洞”可以变成蓝色，起强调作用)以及在梧桐山脚冗长的毛石挡墙上做像素涂鸦的提案“山海经”(“山海经”可以变成蓝色，起强调作用)，将很可能成为第一批实施的盐田趣城项目。

拿“洞不洞”和“山海经”这两个比较早得到领导们肯定的提案为例。但是从去年九月到今年 8 月，我们无间断地为确保项目实施探索着，调研、修改、深化、咨询、协调……在这期间，汇报、咨询和协调过的单位就十几个：市规土委、盐田区政府、盐田区的前期办、环水、城管、市政等部门、项目所在地的街道办、文化站、深圳城市设计促进中心、深圳大学环境艺术学院、各种厂家和供应商以及工程造价咨询单位等。这是因为在趣城的“倒叙”式进程中，建筑师需要为自己提案找到足够的依据，同时也要取得相关部门的认可。

“洞不洞”近景——夜景

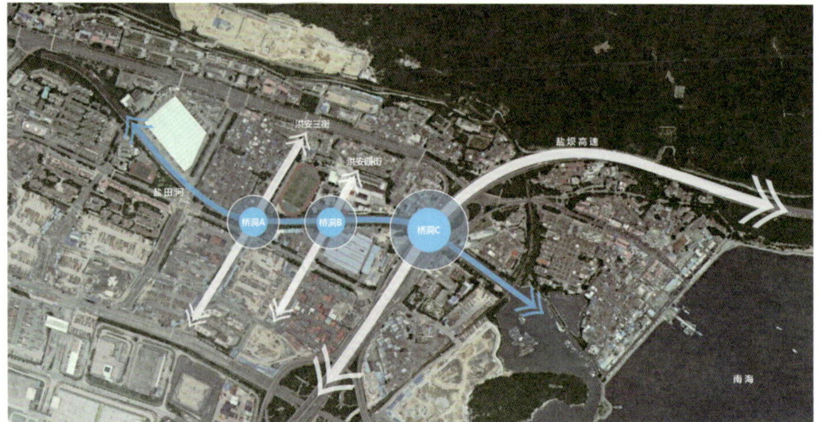

区位分析图

盐田河栈道

桥洞现状图

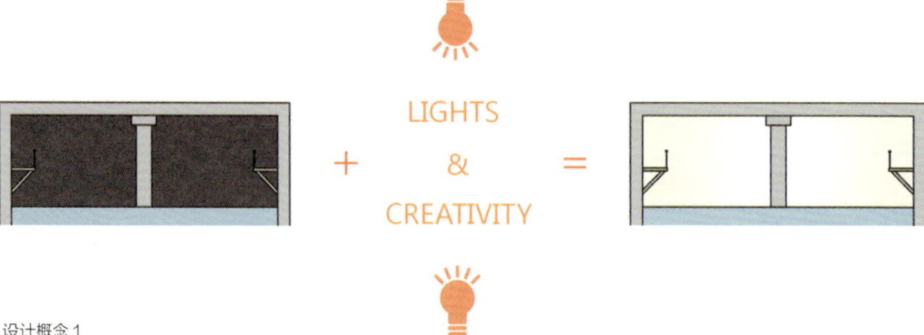

设计概念 1

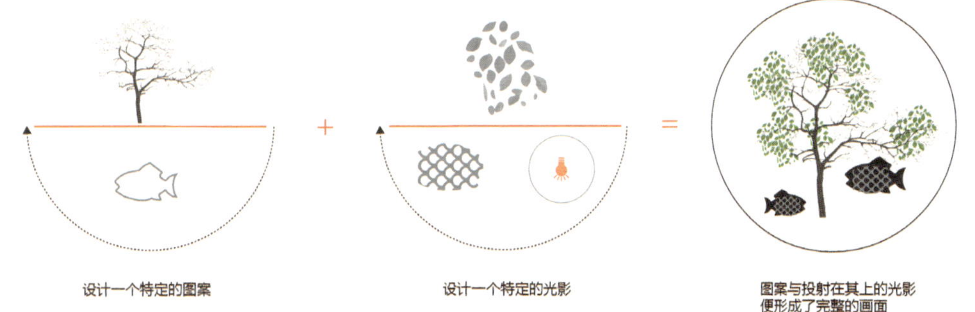

设计概念 2

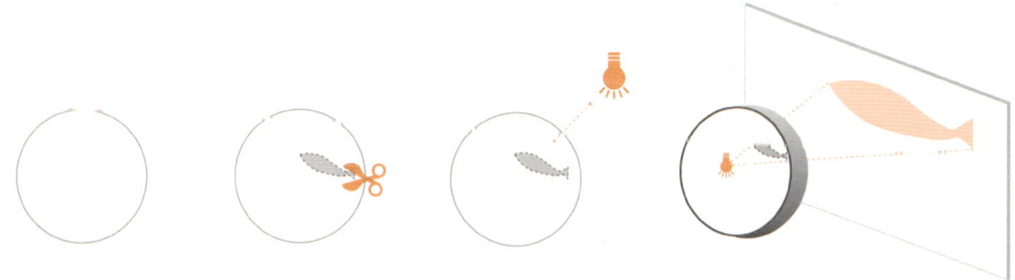

设计概念 3

特写—夜景

山海经

张健蘅建筑事务所

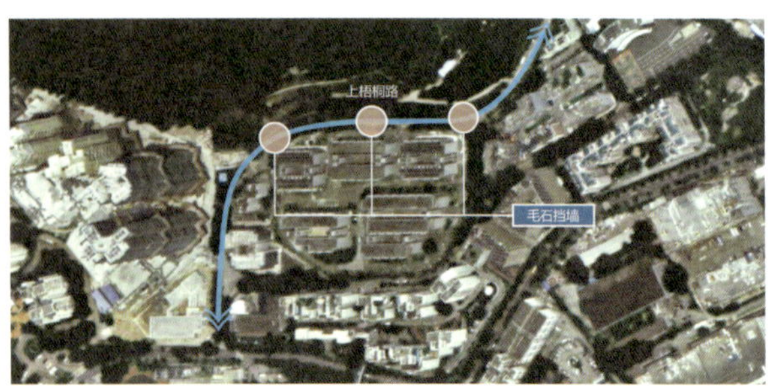

区位

手法

几何

1. 高压水喷
2. 苔藓种植
3. 碎瓷拼贴
4. 彩色涂料

材料

高压水喷 + 苔藓种植

八爪鱼效果

鱼 1 效果

鱼 2 效果

花瓣亭

筑博设计

参加“趣城”计划，在选择项目地点的时候，我们同样本着一个普通市民的视角来探索城市的问题。团队初步选择了十个点，这些地点基本上都处在一个充满活力的区域，本身却缺少活力，偏离了设计目的，导致人们不知该怎样使用而被空置。

我们设计一些“花瓣亭”，它是一个简单的、单元性构件，可以灵活、丰富地进行组合。通过各种不同的组合形成提示性的入口，吸引大家走近，从而进入到绿道中来。进到这个绿道以后，会发现其实这个绿道里面有些地方缺少遮阴，但空间又不足以去种一棵树，花瓣亭因为它尺度非常小，因此可以组合起来形成一个遮阴的廊道，下雨时又可以避雨。

花瓣亭效果图

绿伞

筑博设计

我们还发现山海通廊里面有些空间结点设计得比较粗放。例如其中有一广场，广场的前方是湖，背后是通廊。这个广场没有种树，没有遮阴避雨的地方，也没有任何坐凳设施。我们设计了一个可以移动的绿伞，绿伞底下是一个坐凳，同时也是支座；上面是一个伞状的构筑物，其上有少量的浮土，可以攀爬一些植物。这些绿伞同样可以灵活组合、随意移动。

绿伞人视点效果图

航母三维轮廓剪影效果图

航母三维轮廓剪影

筑博设计

另外还有一个深圳人记忆深刻的公园，同时也是一个很有意思的城市景观——明斯克航母。这艘航母近些年就要搬走了，它承载了很多人对盐田的记忆，对有些市民来说，它的离开在他们的记忆里会留下一个巨大的空白点。所以我们用亚克力管做一个虚拟的航母，它不是航母的复制品，而是航母的一个剪影，是一个虚的形体，与头脑中的印象形成对照。

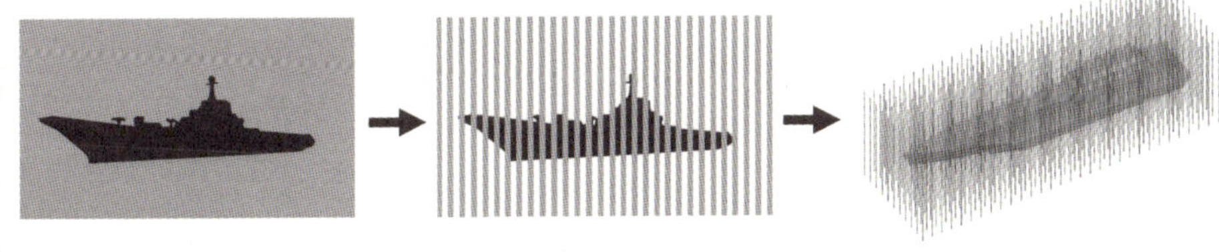

剪影　　杆件　　装置

航母实景图

COMPETITION

盐田 · 竞赛

未来，城市与城市的竞争，将因生活环境品质而见高下。

“趣城计划国际设计竞赛”是一种提升城市公共空间趣味性的方式，它不针对深圳盐田的景观轴线、重点区域、重要节点，而是直接从具体的场地入手，填补城市微观层面设计和研究的不足。对城市生命体“穴位”——特定地点，用针灸的方式，采用小尺度介入的方法加以控制与引导，激发城市活力。

竞赛背景

2016 年 5 月 8 日，以“趣城计划 · 美丽盐田”为主题的“趣城计划 · 国际设计竞赛”作品评审会，在深圳市成功举办。本次竞赛分为独立组和系列组两个版块进行征稿和评审。由五位来自建筑、规划领域的专家学者组成了评审委员会。面对来自国内外的 143 份参赛作品，评委们经过三轮评审，最终选出 6 名优秀独立作品和 2 名优秀系列作品以及 13 名入围独立作品和 3 名入围系列作品。

此次竞赛设计类型多且灵活，可以围绕市民日常生活载体——公园广场、滨水空间、街道、创意空间等区域进行设计，包括艺术装置、小品构筑、景观场所等。参赛者自己选基地、找项目，要求作品在保证安全性和可实施性的情况下，能够结合盐田特色（生态优先、滨海特色、海港文化、创意文化等），突出趣城宗旨，为各类人群创造多样化、有趣味、接地气的设计。作品应尽可能经济环保，保证最低造价，具有推广意义。同时建筑师将成为实施主体，从设计、材料、施工、造价等对项目进行全方位把控。

组织机构

主办单位：深圳市盐田区政府、CBC 建筑中心
支持单位：深圳市规划和国土资源委员会
主办媒体：《城市 · 环境 · 设计》（UED）杂志社

联合发起人

张宇星　深圳趣城计划总策划人
彭礼孝　《城市 · 环境 · 设计》（UED）杂志社主编，天津大学建筑学院特聘教授，CBC 建筑中心主任

评委会成员

孟建民　中国工程院院士，深圳市建筑设计研究总院有限公司总建筑师
张宇星　深圳趣城计划总策划人
孙一民　长江学者特聘教授，华南理工大学建筑学院院长、博士生导师
章　明　同济大学建筑与城市规划学院建筑系副主任、教授、博士生导师，同济大学建筑设计研究院（集团）有限公司原作设计工作室主持建筑师
柳　青　《城市 · 环境 · 设计》（UED）杂志社执行主编

联合发起人

张宇星

中国的城市正在进入新型城镇化和供给侧改革阶段。这两个政策与趣城计划都有关系，新型城镇化要改变传统意义上只注重规模、数量，不注重质量的方式，注重人们的生活、感受、体验和使用，所以趣城从一开始就更加注重使用者的体验需求。从供给侧改革角度讲，城市的基础设施需要变得更加高质量、有品位，更加方便每个人的使用，方便产业、经济社会的活动。而趣城计划提供了很好的改善基础设施的平台，比如道路、桥梁、垃圾处理站等公共设施的改造，都可以从传统意义上粗放的工程性设施转化为软性的，符合人的需求的，甚至是复合型的交互空间。这些从消极空间转变为积极空间的做法，都是城市空间供给侧改革的内容，我们也希望能为其他城市作以参考。

彭礼孝

竞赛是一种能够在较短时间内最大程度为一个区域搜集国内外创意想法的方式，同时提高地区的影响力。这并不仅仅是一个概念竞赛。此次“趣城”国际竞赛中，来自建筑、景观、艺术、规划等各个领域的选手对同一个命题进行回应，在一个小区域内给出了非常开阔的思路和实施方案。这些作品组成了“趣城计划”的作品库，它们可以为城市的管理决策者提供思路，并运用到实际的城市建造中去。所以说这是一种非常务实的、以小见大的组织方式。“趣城”竞赛的参赛者有些是没有来过深圳、甚至没有来过中国的国际选手，他们通过这次活动开始了解盐田。竞赛通过“大事件”的形式，在短时间内让更多人关注到这个话题、关注到深圳盐田，在激活区域的同时，为当地留下丰富的设计理念和发展思路。

评委寄语

孟建民

我希望“趣城”可以作为系列活动长期坚持下去，一个城市、一个地区地延续，它所累积的效应将是不可估量的。当然过程中也要进一步总结并优化其方式和内容，比如以后的活动可以以本城市、本地区的设计师为主，同时吸收一些地区之外的、真正有兴趣的设计师参与。参与主体有主次之分，再加上对现场的实地考察和把握，“趣城计划”的意义才能真正体现出来。

张宇星

“趣城计划”新的尝试已经启动——“社区微更新”。它更加注重传统旧社区的更新，尤其是深圳的旧社区和城中村。这些区域需要趣城的方法去激活，重新转化为更加积极、有意义的社会空间。我们希望跟社区这些基层的组织互动，自下而上，与社会组织和基层政府相互配合。因为基层对城市空间的需求非常强烈，并且最了解城市角落里的各个空间，但以往又没有渠道去改变，所以我们希望“趣城计划”可以提供一个很好的平台，让市民都参与进来。

孙一民

我认为未来的“趣城计划”可以向两方面发展。一种是更加公共化，让尽可能多的人参与其中。这种发展方式重要的是过程本身，目的是提高社会对公共空间质量的关注度，以及艺术品质的提升，因为这方面是我们的城市建设中比较欠缺的；另一种则是关注项目的实施性，这涉及到更有针对性的选题和更加细致的前期准备。同时，可以通过网络发起工作坊，组织参与者参观现场，这样能够更好地把握后期效果。

章 明

“趣城计划”的提出和操作，很有创意，它能够消解城市早期粗犷发展带来的一些消极空间，并且可以强化市民的主人翁意识，对于未来的城市空间品质、趣味性、人性化的提升很有意义。现在初期有多元的提案方向，但有些好的想法缺乏好的表达和专业基础的支持，如果后期有专业人员的介入，在落地性、经济控制性、建设建造的可行性、艺术品位的提升等方面进行支持，这件事情的延展意义会更大。

柳 青

“趣城”模式证明，除了常规的招投标流程，政府也可以作为发起人来组织和推进像“趣城计划”这样的项目模式。这种形式虽然不是首创，但在中国是具有示范性作用的。现在无论新区、老区都面临着城市改造提升的问题，也许“趣城”不具有普适性，但它无疑是其中一种有意义的尝试，尤其是在国家提出供给侧改革的目标后，它与城市的发展方向将更加紧密。

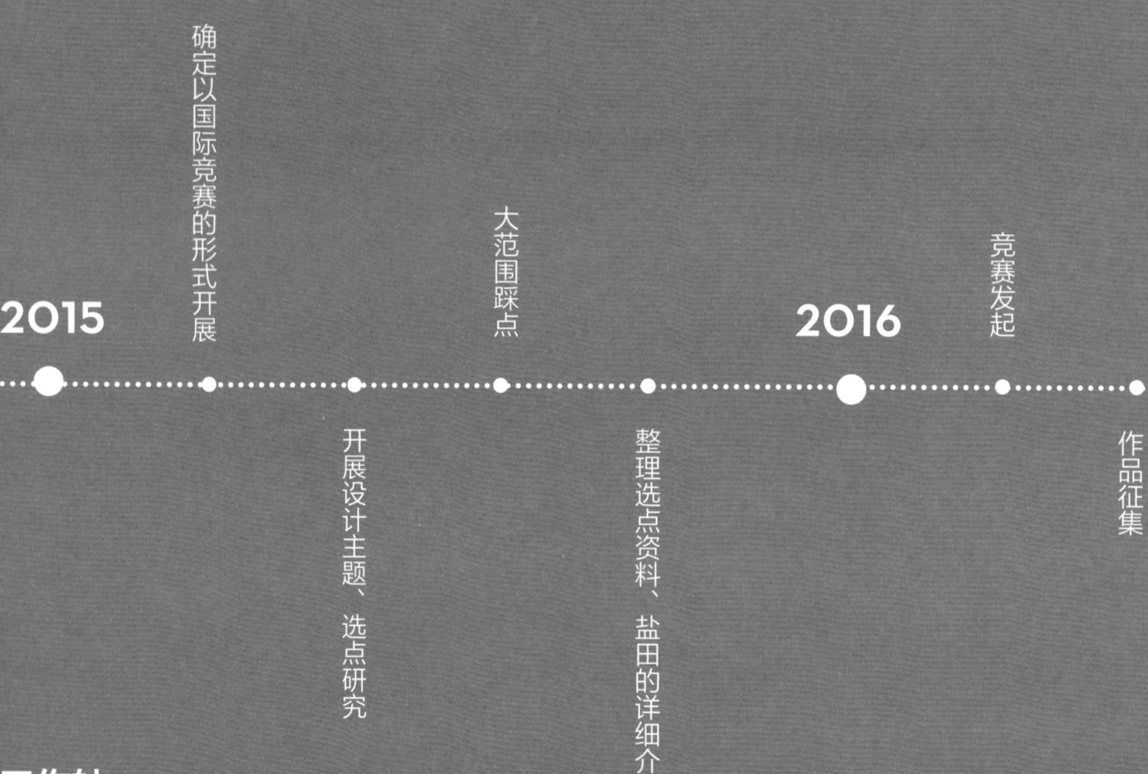

工作轴

竞赛通过设计竞赛的活动形式，引起国内外广泛关注度。提高“趣城”计划的业内参与度，成为业内年度热点事件。竞赛之后，还举办了为期 30 天的趣城计划方案展览会。在盐田区内选择展览场地，以趣城计划中 6 名设计师的建成项目、未建成项目，以及竞赛入围方案为展示内容，将选址现状和参与趣城计划的方案进行对比性展示，表达趣城计划对城市健康更新的促进作用。展览还在 UED 全媒体及媒体联盟的新闻报道，举办趣城方案竞赛新闻发布会、趣城计划主题研讨会，邀请北京晚报等报社，建筑师等纸媒，搜狐等网媒参加与支持。

2017

竞赛评审

展览汇报

组织研究所有参赛作品（项目数 143 个）

筛选项目（项目数 22 个）

具体项目可行性研究（选点、规模、工艺）

明确落地项目及选点（项目数 12 个）

区委决议落地项目（近期 4 个，远期 8 个）

设计深化、议价、报审

制作与安装

后续问题处理

未完待续

设计与实施的权衡

文 / 陈寿恒　SHDT 寿恒建筑总建筑师

竞赛作品可实施性研究

作为竞赛方案鼓励创意概念的表达，进入实施还需要先对每个项目进行评估，可实施性强的作品将优先进行下一步的深化设计。由于大多数竞赛者并没有真正到项目现场的真实感受，许多作品在尺度、流线、高差等方面与场地并不吻合，与预想的效果存在偏差，除了对同一选点内的诸多作品进行比较筛选外，原有选点也需要再进一步的验证。美好的理想落到现实处总会出现不尽如人意的地方，为此盐田前期办再次委托我们进行竞赛作品的筛选和作品场地的再选点研究。

为了竞赛项目能顺利推进，项目组回顾并总结了实践项目整体实施过程中遇到的困难，主要问题有：①部分项目需要比较专业的维护管理，建成后对移交的管理单位有困难；②项目建成后，牵涉到了其他市政部门，并提出了不同意见，存在占道审批、改迁等问题；③城市更新速度快，有项目刚完成，就遇到其他整治工程，面临拆除。有鉴于此，项目组希望二期的实施能尽量避免同类问题，因而格外斟酌项目的审定、选点研究，以及征询各部门意见，并委托了专业公司进行后续各阶段工作，保证项目质量。

这阶段项目组明确了主要研究流程：①对 143 个作品（见附录趣城盐田竞赛项目评价表）进行列表评估，挑选出可实施性强的备选项目；②对备选项目进行实地调研；③对选点不适合的项目进行其他场地的调研，提出重新选点的建议；④对各个已落实场地的备选项目提出设计建议，给出大概的工程造价。

大部分项目天马行空，很多创意很难落实，而可实施性这个概念比较主观，很难有一个清晰、标准、明确的标准来衡量项目的可实施性，主要通过经验来判断。项目组尽可能具体化地从几个核心要点筛选，包括用地条件（是否适宜）、安全性（是否有风险）、灵活性（是否可迁移）、材料工艺（需不需要特殊定制）、施工难度（是否为常规施工方式）、后期维护（是否容易维护）、管理难度（是否需要专业团队管理）七个方面进行综合评估。一两项不符合，则提出设计建议，调整设计；多项不符合，则移后参考。评估后，143 个项目里有四十余个可以进入下一步的场地调研。

当我们进行再次实地调研时，新的变故出现了。由于盐田的城市发展迅速，几个原有选点上新的项目已经在施工了，尤其是地铁的建设。原定近期内不会开展的旧改城中村项目，也将更新提上了日程。最后原定的选址基本无一继用，我们被迫重新选址。

后续我们对盐田全境进行了 14 次实地调研，形成备选项目 12 个：彩虹山道、“雨中微笑”、智趣魔方、凉园、晒鱼亭、趣味翻折、黑夜彩虹、积木花园、“趣道”、树下圆舞曲、广场变形者、海韵·便利站。

由于趣城一期的项目大部分分布在沙头角片区，在二期的选点上考虑了区域分布的平衡，所以更侧重在盐田港后方陆域片区以及登山道和海边栈道进行选点，使趣城项目在整个盐田分布比较均匀。

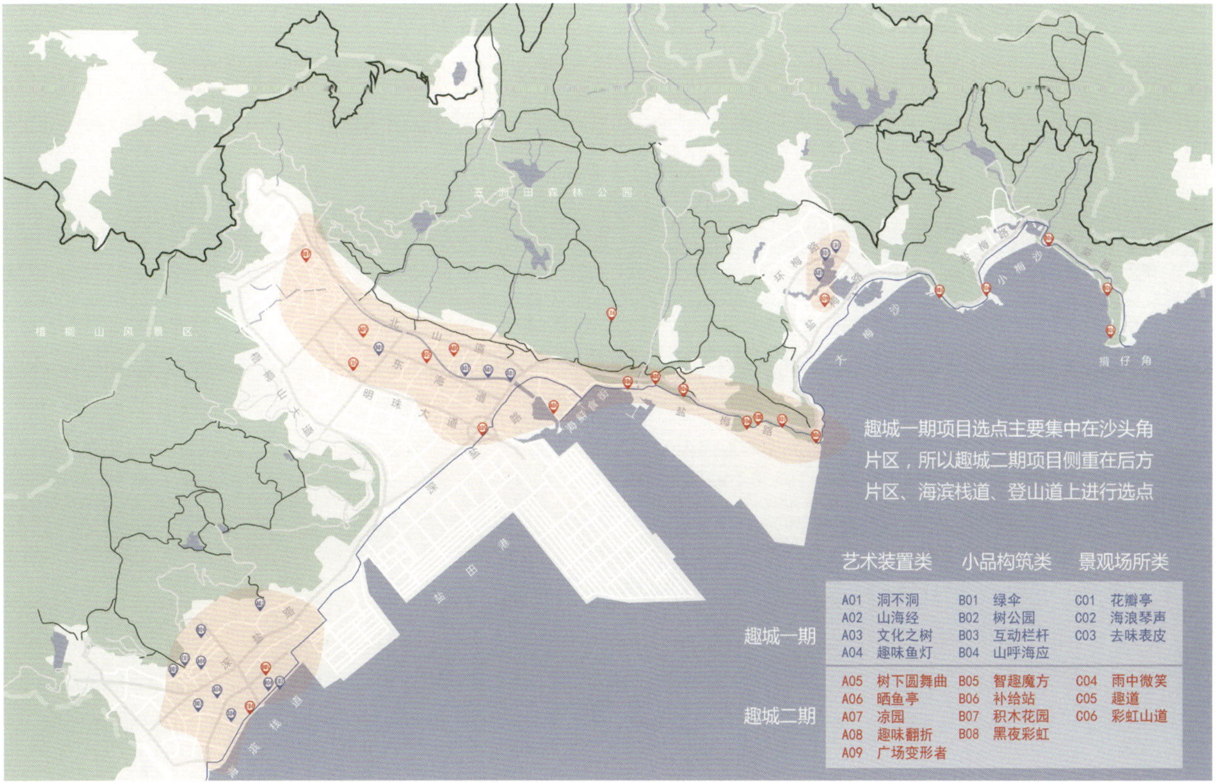

趣城一期项目选点主要集中在沙头角片区，所以趣城二期项目侧重在后方片区、海滨栈道、登山道上进行选点

	艺术装置类	小品构筑类	景观场所类
趣城一期	A01 洞不洞 A02 山海经 A03 文化之树 A04 趣味鱼灯	B01 绿伞 B02 树公园 B03 互动栏杆 B04 山呼海应	C01 花瓣亭 C02 海浪琴声 C03 去味表皮
趣城二期	A05 树下圆舞曲 A06 晒鱼亭 A07 凉园 A08 趣味翻折 A09 广场变形者	B05 智趣魔方 B06 补给站 B07 积木花园 B08 黑夜彩虹	C04 雨中微笑 C05 趣道 C06 彩虹山道

落地方案简介

许多项目并不只是考虑场地调研的因素，比如“雨中微笑”这个项目：核心创意就是利用超疏水材料在地面上进行涂鸦，晴天干爽的时候与普通路面无异，只有下雨的时候才会显现出有趣的图案，让人们对那些多雨的日子充满期待。

项目原本选定城中村的混凝土地面，服务于社区居民，但城中村权属难以协调，城市更新工作的时间表也不能确定，最后还是决定在市政空间内“锦上添花”。超疏水材料近几年已发展比较成熟，广泛运用在衣物、陶瓷、木材、混凝土、屋面等方面，采用孔隙适宜的材料，有良好的附着力、耐磨性、防水和紫外线，喷涂有效期为 1 年，多用于混凝土地面，然而盐田区市政空间中的地面，多为小块的人行道砖或者大一些的花岗岩地砖，均会对超疏水涂料的使用效果产生影响，图案效果不那么理想。为了寻找适合超疏水材料的市政路面，我们对盐田区内不通行机动车的各个步行道、广场等 14 个人流较多的公共区域的地砖进行了渗水试验：用一杯水倒在面砖上计算渗透时间，渗透性适中者为佳。实验包括了各种大块的花岗岩、烧结砖、广场砖、水泥砖、沥青等，渗透时间从 30 秒到超过 10 分钟不等，根据厂家咨询结果，我们选择 2~3 分钟渗透时间的附着面作为“雨中微笑”的选点。

雨中微笑

最后的选点确定在沙头角海滨栈道一侧的海景路上，平日里也是周边居民的活动场所，许多人在此骑车、散步、慢跑、运动、休闲。这块路面平整干净，没有机动车通行，地面材质的渗透能力符合超疏水涂料的需求，适合“雨中微笑”的创作。路面隔一段就有一块暗红色地砖区域，间距适中，场地平整，全段约 1.6 km，40m 左右一个图案。一期项目推进过程中，征询规划局、交委意见时都遇到过很多困难，所以二期项目对用地意见征询工作格外重视。经规划核实，“雨中微笑”选址于海景路上，属于市政道路用地，但项目施工主要为图案喷绘，不会影响市政管线和道路原有功能，不会占用绿地空间，不会对市政附属设施产生影响，且用地不属于机动车道，不会给行人带来安全隐患。

“趣道”项目的创意特点是通过地面的翻折来形成各种座椅标牌等城市家具，翻折后漏出绿色的草地。竞赛作品场地选址于海滨栈道边，实际尺寸没有作品展示的理想，且又是两条坡道的交汇点，流线不顺畅。重新选址后放在后方明珠大道与盐田北四街路口草坪上，现状场地比较大，可以拓展到整块场地作为一个街头公园进行打造。

趣道

现在后方片区正在发展，越来越多的高品质楼盘在这里开发，地铁 8 号线也从旁边经过，未来将汇聚大量的新移民落户后方。场地为住宅区围墙边的一条普通带状草坪，而“趣道”也区别于传统的社区公园、街头公园，它的完整性与雕塑感更符合现代都市展现的精细设计、时髦与实用、文化与生活，这里会成为舒心宜人而有标志性的街角公园，展现出后方更现代更都市的新面貌。在仔细核对了用地规划以及明珠道设计图纸后，实际用地缩窄 6m，对设计影响不大。

“积木花园”是一个用几个模块单元组合成城市家具的项目，外观模拟了集装箱的纹路，符合盐田港后方陆域片区的物流特质。而后方有大片的仓储物流区，平日里有许多货车司机会沿路休息，没有合适的公共休息点，司机们会随意坐在绿化带里。项目选址定于永安北三街以北段的东海道上，物流园区门口旁的人行道绿化带中，为司机们提供了一个临时休息、停留的场所。

设计材料为不锈钢龙骨及面板，外喷仿木色氟碳漆。原设计是可以活动并随意组合拼装的，但现实生活中公共场所里不固定的金属部件容易被偷走卖掉，各单元体块的拼接处也需要特殊设计以保证稳固，所以理想的设计效果和连接方式还需要在后续深化中仔细斟酌。

“凉园”是一个尺度比较夸张的桌椅组合系列，20 米长，人们可以在这里停留休息，椅子高度错落可以攀爬。装置本身是有趣的，但从公共设施来考虑，这种攀爬又带棱角的装置都会带来一定的安全隐患，且装置无人管理，儿童在此奔跑、穿梭、嬉戏、跳跃，容易发生磕碰等意外。所以在后续设计中，还需要探讨装置尺度和构造以符合市政空间的安全要求。

在绵长的海滨栈道上有诸多休息亭，只具备简单的休憩功能。在整段海滨栈道中点，提供一个有草坪、有桌椅、有树荫的环境，给游客在此歇息活动小驻，为这里增添一种乐趣，多一层体验。“凉园”位于深圳市基本生态控制线内，但“凉园”只是经过了设计处理的城市家具，或者艺术装置、雕塑，并不是长期使用的建筑物、构筑物，目前没有非构筑物生态控制线相关的审查方案，可以在生态控制线内实施。

“树下圆舞曲”是两个非常有雕塑感的树下装置，可玩可坐。选址于明珠立交下部空间，目前该场地的景观提升项目也在进行中，提升后周边居住或工作的人群都会来此休闲活动，树下圆舞曲既是现代雕塑又是休闲设施，与整体场地特色相契合。

“趣味翻折”是一个在街边围墙上的立体休闲装置，上面的板可以翻折成座椅遮阳，是个具有功能性的景观墙面。装置是直接依附在墙面上的，但实际操作上装置不能依附于原有墙面，更不能扰动墙根基础，墙面的所属单位也不允许政府安装有攀爬可能性的装置在墙上。所以经过多次调研，最终选在了需要休憩设施、墙体没有权属关系的东港区段海滨栈道边 20 米长的连续墙面，更有造型效果。东港区正在填海，栈道风景很好，现有休息点间隔较远，经后续结构设计后可以在此实施趣味翻折。

“黑夜彩虹”这是一个富有彩色光影变化的休息亭，同样选择了东港区栈道的休息平台处。东港区未来会是一片繁荣大工业的场景，这是一个十分特别的观景点。目前场地是空旷的休息平台，开阔且阳光充足但缺乏遮蔽，彩色玻璃光影可以趋利避害、彰显特色。

“彩虹山道”是对一段选定的登山道进行彩虹喷涂的设计，提供一种有趣新奇的登山体验，带来强烈的视觉冲击。根据盐田工作会议纪要［2016］141号议定“彩虹山道”由登山道管理单位实施，并以“彩虹”为主题为登山道命名。在调研了几段登山线路后，我们最终选定大水坑驿站往梅沙尖方向的这条登山道。这段山道有几个山脊，整段山道大部分是规则的砖石台阶，山脊的周边树木较少，喷涂色彩效果明显。目前这段山道的游客相对较少，彩虹山道的设计也能激发这段登山道的新生命，吸引更多的年轻群体到这上面来，成为独特的彩虹路线。

由于登山道太长，所以仅选择通往山脊的4段，每段约100m。材料选用环保水性荧光漆，确保绝不污染周边生态。由于登山道施工难度比较高，很难实现原设计这么丰富的色彩变化，在保证整体效果的同时，需要简化色彩分层以便于实施。登山道不同于室外墙面，常受到踩踏及雨水冲刷，所以表面还需再多喷涂一层耐磨涂料。耐磨涂料是透明的，刷在表面能让人们在上面行走的时候不破坏下层漆面，也能耐久易清洁。为了维持色彩，每两年要进行一次重新粉刷，具体实施则由登山道管理单位负责。

“智趣魔方”是一个自由组合的城市家具，以方块为独立单位，相互堆叠形成座椅、靠背等功能。这种趣致的“城市积木”适合放在中小学周围，材料选用混凝土植筋，外涂环保涂料，保证它灵活自由地组合，方便迁移，又不容易被搬走。学校周边缺少可供学生与家长休息等候的空间，魔方作为全龄段的脑力开发工具受到全世界青少年的喜爱。魔方主题的城市家具与学校的教育氛围相协调，色彩鲜艳迎合年轻群体。在调研了盐田各个中小学周边场地后，我们选择在中山纪念学校和盐田外国语小学周边先行试点。这两处场地条件比较宽松，适合“智趣魔方”的摆放。中山纪念学校可以放在人行天桥底部的消极空间，盐田外国语小学可以放在人行道街角围墙下。若建成后学生家长反映良好，则可推行到各个中小学周边，成为盐田特有的学校标识。

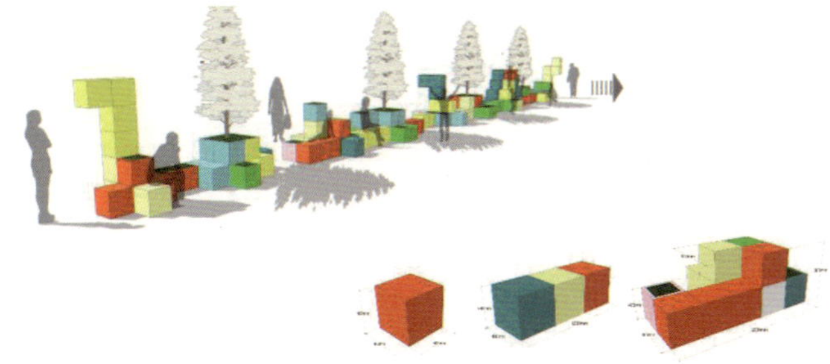

“晒鱼亭”灵感来自于疍家人晒鱼的场景，垂挂在装置栏杆上的鱼形金属片会随风摆动，阳光下交织出丰富的光影变化。根据盐田工作会议纪要［2016］141 号议定“晒鱼亭”项目充分体现了疍家文化，可适时选择实施。“晒鱼亭”选址定于避风塘栈道平台，附近是盐田疍家人居住的渔民新村，“晒鱼亭”不仅展现出疍家人的生活习惯，更是对疍家文化的一种记录。限于场地条件，实施的尺度需要适当缩小。材料采用不锈钢，金属鱼与杆件的连接结构需要特殊定制以保证能随风灵活地摆动和部件的持久稳固，实施设计还要考虑摆动的鱼形部件不会划伤途经的路人。

“广场变形者”是一个类似七巧板的可拼装创作的城市家具组。原设计放于大梅沙村前广场，经过实地测量的场地空间不足，需要缩小装置尺寸。大梅沙村有很多配套的客栈、餐厅、商店，村中的许多围墙上喷绘了各种动植物图案，富有小镇风情，这也是游客来体验盐田文化的一个窗口。选点的东面广场是大梅沙村的主要场所与入口，新的装置将吸引游客和居民都来此活动。

“海韵 · 便利站”是设置在海滨栈道上的自动贩售机亭，结合了不锈钢遮阳顶板与休闲座椅，结构利用了一体化弯曲制成的钢管，无需另设基础，

顶上为穿孔钢板，抗风抗腐蚀，为海滨栈道的游客提供水和食物。

盐田区整个海滨栈道蜿蜒绵长，港区与盘山路附近接连几公里没有商店，调研期间对这一段配套的缺失深有体会。对海滨栈道全段沿线进行放置，除去本来就有商业区的地方，按 0.8km 的间隔设置了 9 处，结合现有休息亭布置。根据盐田工作会议纪要[2016]141 号议定，“海韵”项目中的自动贩卖机将考虑由沙商贸易公司等区属企业负责投资运营管理。

虽然只是简单的售卖机，但实际操作中需要克服诸多困难：首先装置为独立基础，钢材非常重，后续需要检测并计算栈道结构与滩涂的承载能力，保证栈道安全；其次栈道施工不便，大型车辆无法进场；然后接电困难，后续将考虑太阳能设计解决供电问题；此外因为交通不便，建成运营后还需考虑更新补充货物的困难。解决掉困难，实施后能为游客带来更多的便利与舒适，将是值得期待的装置。

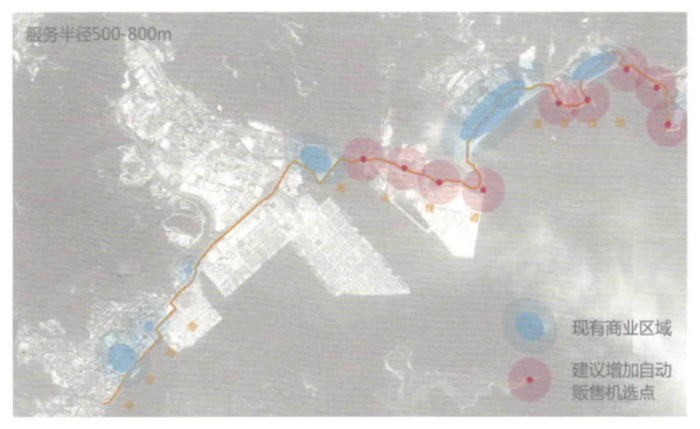

“海韵”原本是系列作品，但依照一期的经验，观景平台涉及用海审批，申请时间长、手续烦琐；座椅需要破坏现有栈道进行基础施工，且能放置座椅的空间不多，放大的休息点本身设置了休息处，因此无法形成连续作品。

竞赛优秀作品

执行计划

“雨中微笑”、积木花园、“趣道”、凉园已纳入 2018 年政府投资计划，为近期实施项目，其余 8 个项目为远期实施项目。近期实施项目均由区前期办作为建设单位，负责项目的前期工作和项目的建设；由作品设计单位负责深化设计，个人作品需委托专业设计单位深化设计；由造价单位通过询价方式完成造价报告；由区发改局对造价报告进行审定及批复；采用 50 万以内直接委托，50 万以上通过单一来源采购的方式，委托设计单位创作和制作完成；建设完成后移交城管局负责后期的管理和维护。

项目反思

趣城项目进行到二期，遇到了很多困难，汇集到的作品也有许多不尽如人意的地方，与其说是在设计与现实中取舍，更应该是一个不断适应市政设计，适应城市发展变化，提高创作水平的过程。

项目组也在不断地反思

①作品可实施性不高：虽然二期作品为国际竞赛的广泛征集，但大部分参赛者都是在校学生，作品虽然看起来丰富多彩，却过于理想化而缺乏实际执行的可能性，许多新材料由新技术的应用对于政府项目来说也比较保守。反而一期由于都是他们实践经验丰富且思维比较成熟的设计师来设计，而且场地现场都亲自细致地勘察过，项目的创意感、趣味性和可实施性都更强。

②有很多“拿来主义”的内容：仍有不少采用“拿来主义”的方式直接照搬已有作品来拼凑组成竞赛设计的情况。

③不是那么有“趣”：作品除了造型新奇外，绝大多数都附加了休憩、观景、停留等“实用”功能，而现实城市中这类功能并不缺乏，需要的是能提供独特体验的装置，真正能带来互动创意的作品很少，难以引起共鸣和关注，对“激活”空间没有多大效果。

④政府各部门关注的重点不同，需要协调的层面复杂：大部分作品因为权属、手续、用地有限、人行道占道、施工困难、管理维护困难等诸多问题被排除掉。由于一期项目在推进过程中都遇到很多困难，所以致使二期项目的筛选要求更苛刻。

“趣城计划”对于城市的改变，政府和设计师在认识上会存在一定的差异：趣城的初衷是选择城市中不起眼的空间角落进行“激活”，而从执行者的角度出发，权属有争议、手续烦琐、需要多方征询意见、场地条件不好的用地是一直希望规避的，想对于“激活”这些地方，能够选择相对适宜的位置“锦上添花”会更见成效。

⑤项目周期长：在一期时，设计师花费了大量时间来配合政府各部门解决各种问题，能集中在设计上的时间被消耗了不少，更有些项目

中途夭折无法实现，比较遗憾。二期虽然尽量避免同类问题，但在落地项目研究中又花了大量的时间重新选点调研、核查规划和特殊材料的咨询，即使是很简单的项目也需要花费大量时间精力在设计之外，从设计的角度出发性价比非常低。

⑥场地空间有限：从竞赛前的选点到后续落地调研都充满矛盾与艰辛。盐田本身城市空间有限，市政用地也不如其他区开阔，难以实施大型装置。登山道和海滨栈道周边用地开阔，但施工和管理难度高，车辆进场、接电、垃圾处理等问题都难以解决，还涉及基本生态控制线和用海手续，处理周期漫长，除非特别有吸引力的项目，其他都会被筛除掉，十分可惜。

⑦市政设计不同于一般设计：比如一些设计作品采用单元体拼接构成多形式组合的家具，从实际操作层面上看并不适合趣城项目。首先并不需要这么多休憩家具，其次要达到设计效果需要呈现多种组合模式，就需要比较大的场地才能容纳，此外实际使用上提供自由组合随意搬动的设计意图是不现实的，公共设施的维护、管理、安全上都存在很大风险，这在市政项目中是十分忌讳的。还有一些墙面作品，基于凹凸变化实现有限的“功能”，实际是丢了西瓜捡芝麻的做法，无形中生出来各类风险，例如让原本用来防护的围墙变得更容易翻越，或者让沿途的行人容易发生碰撞等伤害。市政项目在追求新奇创意之前首先要求设计更结实、稳固、安全，我们多次调研过的香港市政空间设施，都是比较厚重的。趣城项目由政府负责推动和建设，势必更强调这一方面的要求，这和趣城项目鼓励创新多变、精巧灵活的功能形式多少存在一定冲突，需要在实现过程中投入更多精力，不断磨合与探讨。

项目后续建议

作为创意设计项目，趣城吸引了很多个人或者独立设计团队的参与。项目的落地需要建立一套完善可行的方式和流程，部分创作是由个人或外地设计单位完成的，不具备后续施工对接和跟进的能力，而趣城项目的实施采用的是“设计施工一体化”的思路，项目后续“打包”由本地专业公司进行深化设计是一种可行的方案。本地专业公司在项目报批、协调各部门意见及提供相应的深化修改方面具有明显优势。此外，项目的选址是有时效性的，各个部门都在各自的职能范围考虑所在片区的发展建设计划，若不及时协调，会出现多个项目用地重叠的情况。除了解决方案落地，加强趣城项目的使用推广和文化宣传也很重要，比如整理并设计趣城地图，在场地上为建成装置增加编号及作品介绍，等等，让市民感受装置的同时也能了解到“趣城计划”的理念和设计师的创作意图。

趣城项目还处在一个不断摸索和完善的过程，作为趣城试点的盐田，政府和设计师们都做出了很大的努力与妥协，投入了巨大的时间、精力。一、二期项目的逐步落地，正让趣城计划从规划理念慢慢呈现在我们身边，随时间推移步入正轨，项目能否起到“针灸”理论的作用，能否受到民众的广泛接受与喜爱，需要未来在更长久的时间里接受检验，我们将持续地跟进研究，祝愿“趣城”让我们的城市变得更美好。

Bird Nestan Ecological Embankment
鸟·巢
—生态堤岸设计

揭凌云 / 深圳大学建筑与城市规划学院硕士研究生
何思明 / 独立建筑师

我们的设计场地选择在深圳盐田区海滨栈道的近海处，这缘于一张触动我们的地图，展现了 1986 年、1996 年和 2006 年的盐田区海岸线变化。

深圳盐田区近三分之一的城市空间是填海造地而成，填海活动会给近海生态系统带来极大的影响和破坏。据统计，自 20 世纪 80 年代以来，深圳的自然海岸线消失 70%，滩涂面积减少 72%，红树林面积减少 75%，滩涂、红树林等都是海岸自然生态系统的重要组成部分，填海工程引人深思。因此，我们将设计场地选在海岸线边上，尝试创造一个近海生态系统。如果说江门新会的小鸟天堂是一处得天独厚的天然鸟类栖息地，那么我们的设计，便是试图在已被破坏的海岸线上，将原本属于动物的生态环境彻底归还。

鸟巢——生态堤岸设计 效果图

灵感来源：海上的“桑基鱼塘”

桑基鱼塘是一种高效人工生态系统，在这个生态系统中，桑、蚕、鱼三者之间关系密切，互补互利，形成池埂种桑、桑叶养蚕、蚕茧缫、蚕沙、蚕蛹、缫丝废水养鱼、鱼粪等泥肥肥桑的比较完整的能量流系统。

桑基鱼塘给我们构建近海生态系统提供了思路，我们搭建了一个“红树林和空间网架构筑物——海底生物——海鸟”的系统。红树林的落叶等生物质为海底生物提供食物，同时红树林和空间网格构筑物为海底生物和海鸟提供了栖息生活场所，而海底生物能为海鸟提供食物，海鸟的粪便又能为红树林提供养分……使系统中的各部分互补互利，形成一个海上的“桑基鱼塘”。

鸟 · 巢——生态堤岸设计——场地

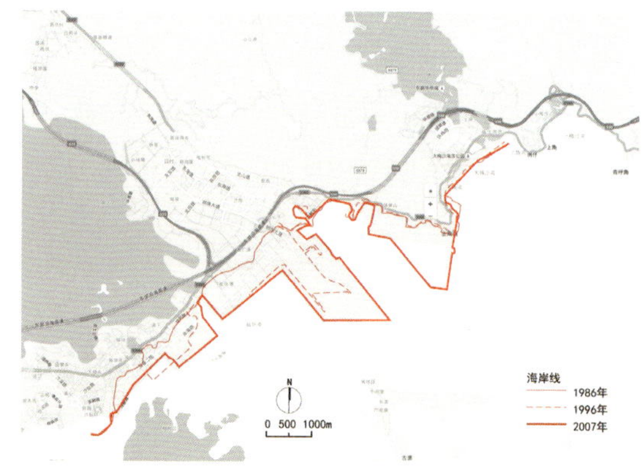

鸟 · 巢——生态堤岸设计——概念生成

鸟 巢　生态堤岸设计　原始方案

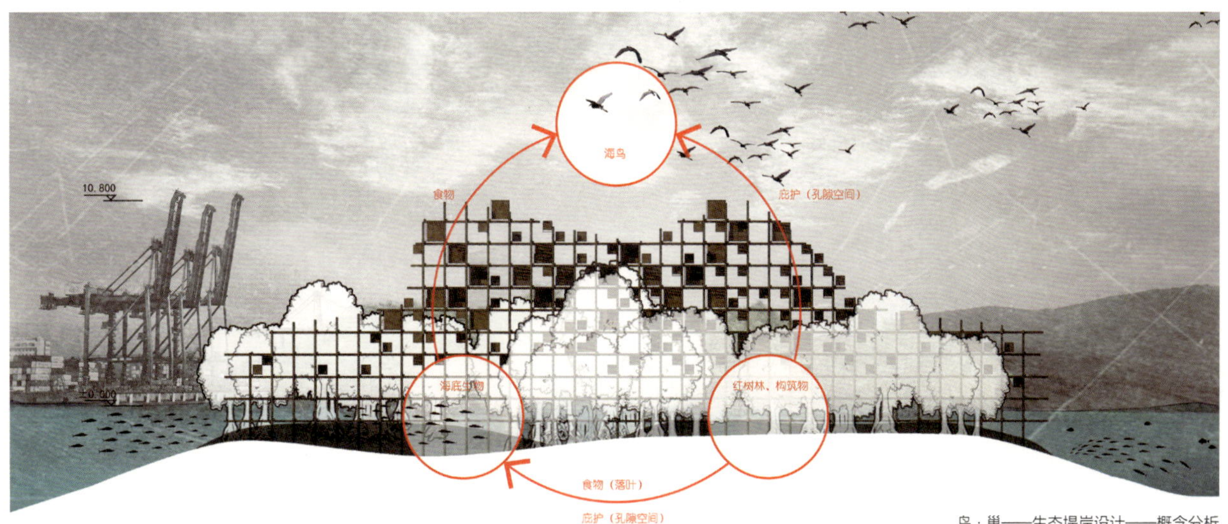

鸟·巢——生态堤岸设计——概念分析

设计过程：无“趣”？

设计作品的主题始终围绕着“海”“生态”来思考，最终确定了红树林、海鸟、海底生物等元素，并以此为设计切入点。但在早期的方案中，曾经考虑设置一条可供人行的观察栈道，连接岸边和“鸟巢”，使人的活动能参与其中，增加作品的趣味性，以呼应“趣城”的竞赛主题。

但在后来，我们决定把人行栈道去除，把“鸟巢”变成一个离岛。修改过后的“鸟巢”与人脱离了直接的联系，两者变成了看与被看的关系，有人觉得这个修改让作品变得“无趣”了。但我们认为这才是让作品变得有趣的最关键的一步，只有排除了人类活动的干扰，“鸟巢”这个生态系统才算完整。

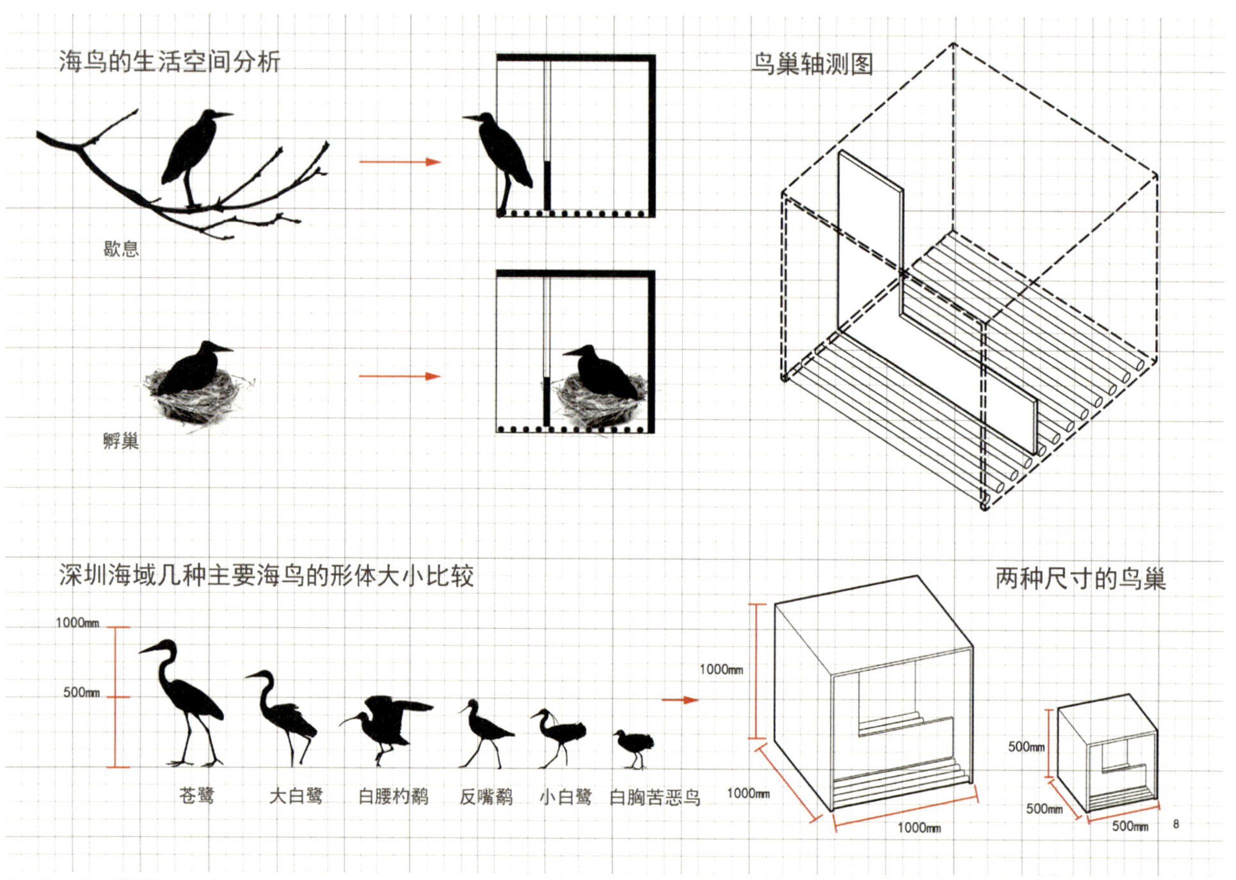

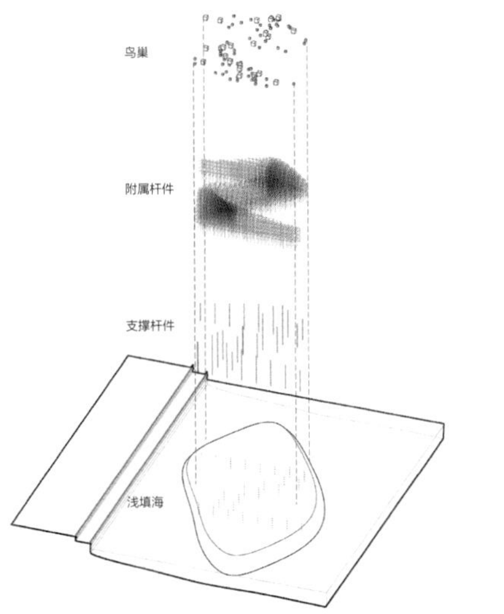

鸟 · 巢——生态堤岸设计——分层

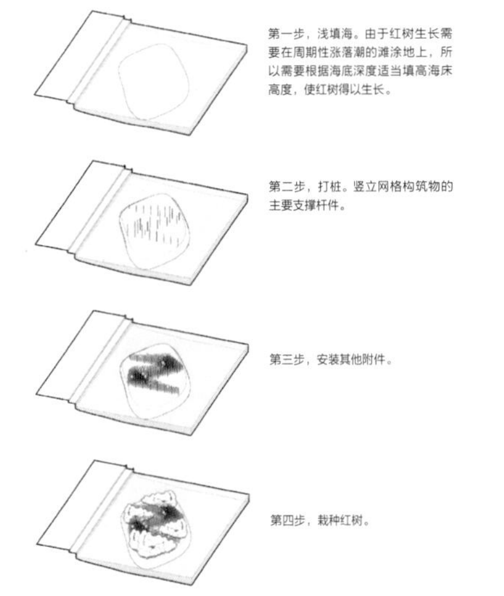

鸟 · 巢——生态堤岸设计——过程

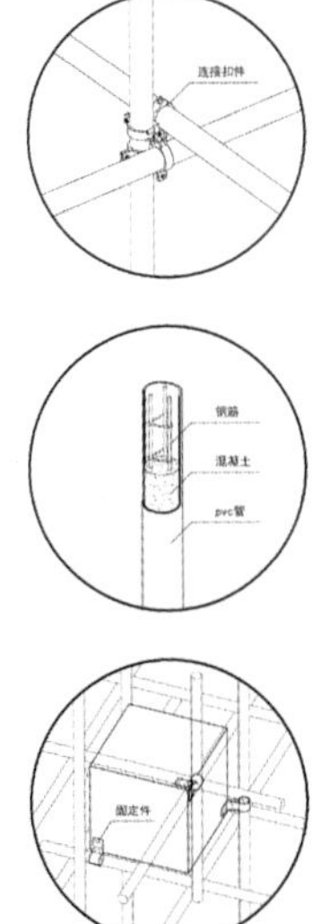

鸟 · 巢——生态堤岸设计——结构细节

鸟 · 巢——生态堤岸设计——总平面

鸟·巢—生态堤岸设计—效果图 (2)

大多数时候作为建筑师的我们都在与具体的项目打交道，“趣城”给了我们一次特别的机会：通过这次设计竞赛，我们得以为一座城市做点不一样的事情，并且头一次纯粹地为动物和生态环境进行设计。我们也曾纠结于是否应该呈现一个面面俱到的作品，但是我们想，也许正是因为这个简单又纯粹的思考让这个设计脱颖而出。最后感谢在设计期间为我们提供指导帮助的彭小松导师。

鸟 · 巢——生态堤岸设计——效果图

经过若干次头脑风暴，最后我们决定从**“行走”**这个最基础、真正“自下而上”的动作出发。那么在行走过程中，设计又该以怎样的方式介入呢？人在城市中的移动总是要通过双脚或工具，对地面的接触必不可免。行走时重力因为重心的高度变化而做功，通过踩踏地面产生了能量，这些能量如果被收集起来加以利用，就是积极的“正能量”。收集个体贡献的资源，以达到对社会的回馈；鼓励居民从自身意愿出发，思考个体对城市的贡献，共同提升周边社区品质……这些美好的愿景确实能够“脚踏实地”地实现，提升居民对城市的融入感。

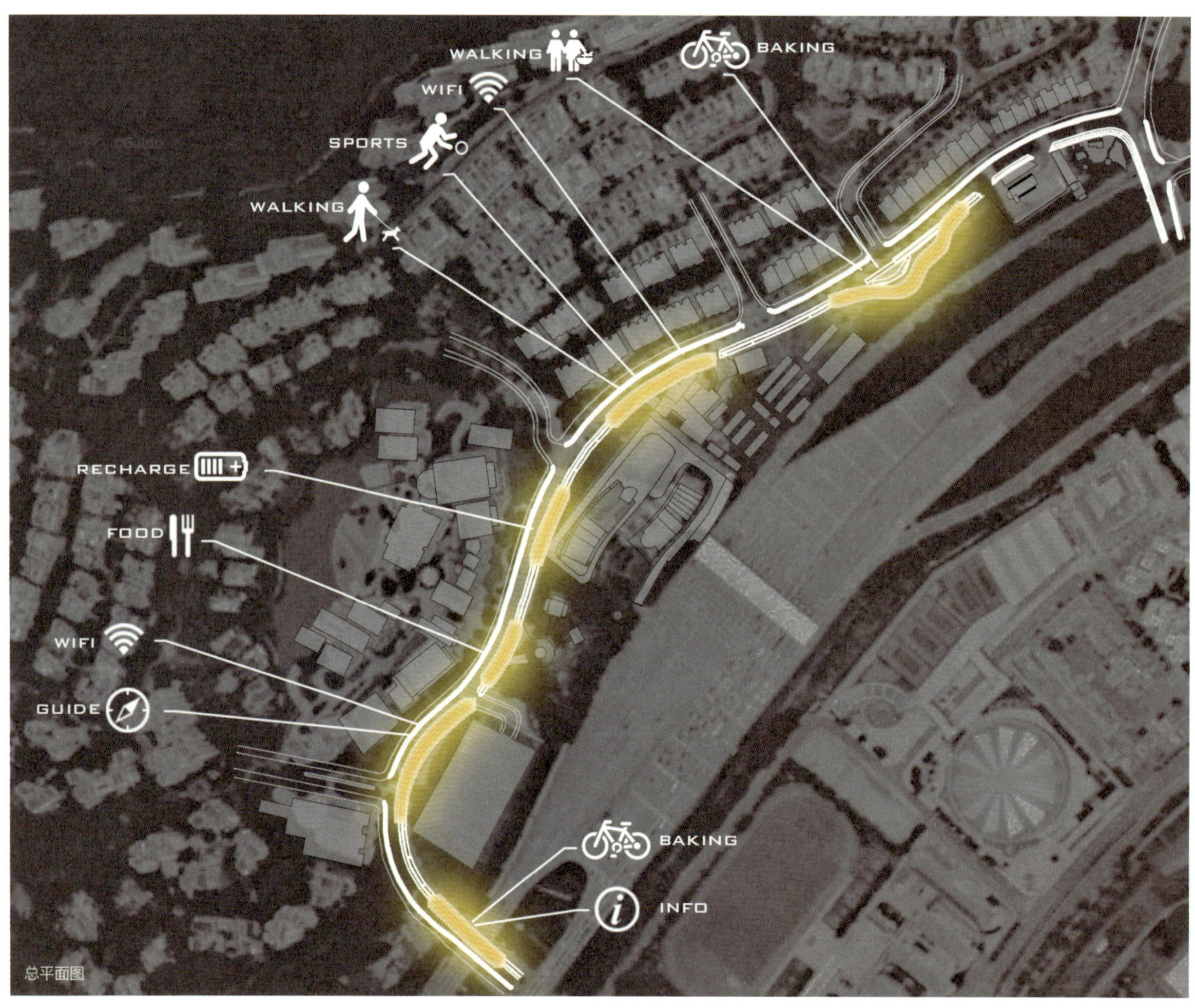

总平面图

On The Road
Charge Up The City
在路上——城市能量激活带

周艳、杨黎潇、王玉戈 / 重庆大学建筑城规学院

“趣城”系列竞赛并不属于传统意义上针对的某一类或几类专业的设计竞赛。它极大的自由度使得出于纯粹的兴趣和对生活的热情的方案格外打动人心。从“趣城”这一概念的说明和历届获奖提名方案来看，“设计”的概念被真正地阐释了：即通过创造与交流来认识我们生活在其中的环境、理解生活和生存的本质。趣城设计系列方案和其他设计竞赛相比，更像是针灸时对准穴位的那一根针，解决社会上某一点的某一个问题，注重实际使用体验和即时反馈。

在问题解决过程中，产生的那种市民能够共同感受到的价值观或精神，以及由此引发的感动，是趣城设计最有魅力的地方。我们团队在选取概念切入点的时候，首先思考最普遍的城市活动是什么，其中市民的必要性活动或者说日常行为有哪些。这些行为越简单、越无意识，就越是可以做文章，越能引起广泛的共鸣，鼓励市民自主参与引发城市公共事件，并使这一事件能够持续进行下去。

跑道由 LED 光板、压力传感装置、充电电池和压力发电装置组成。装置收集人在跑道上经过时对跑道产生的压力，回馈给发电装置，将压力转化成电能储存起来，为 LED 光板夜间发光提供能量。在跑道表面，通过 LED 显示，划分了步行和车行区域，保证了使用效率和安全。夜间，当人踩踏在跑道上，LED 光板收到感应，追随人移动的轨迹发出亮光。不仅自身是一条环保充电装置，更会成为一条“充电线”给周边居民的健康充电。

作为景观装置，打破了城市道路千篇一律的面貌之外，鼓励人们健身锻炼，带动场地周边居民的各种活动，同时提供夜间照明，对场地周边的公共照明提供补充，保证了夜间行走或游戏的安全性，将平凡生活中不起眼的小事，变成一富有趣味的体验。

互动性
于城市精神的体现
Daily Life

正能量
对集体资源的贡献
Personal Behavior

趣味性
向休闲娱乐的转变
Necessary Activities

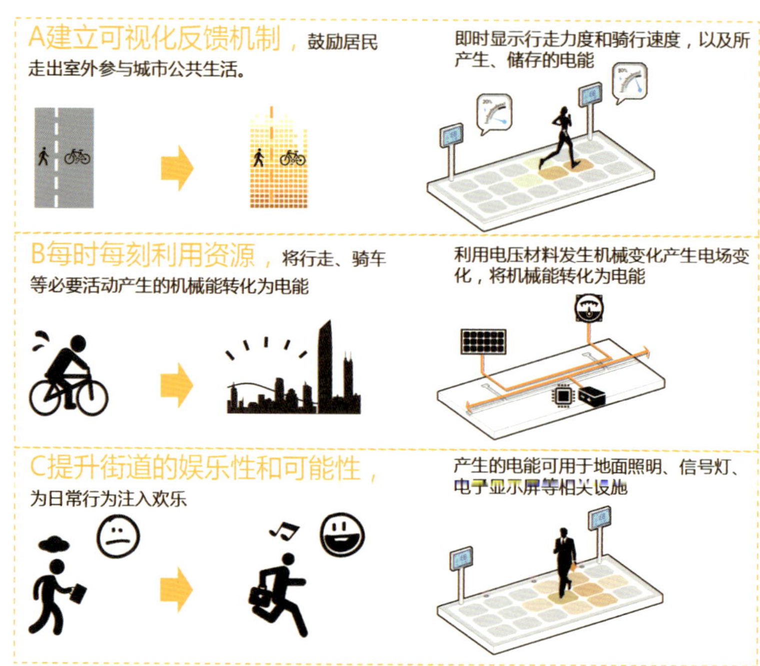

在路上——城市能量激活带——前期分析

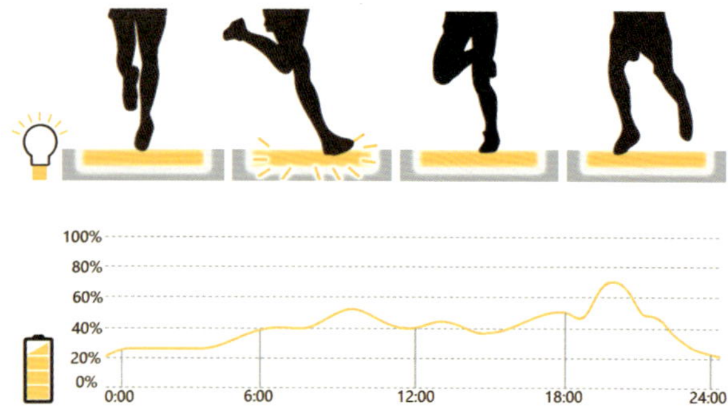

在路上——城市能量激活带——能量采集

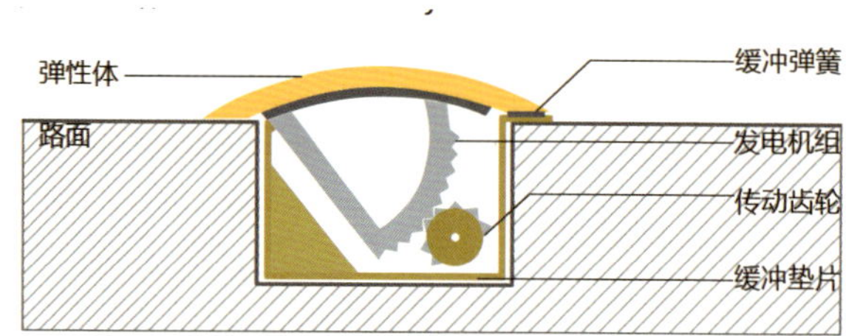

在路上——城市能量激活带——发电原理剖面图

运作流程 Operation

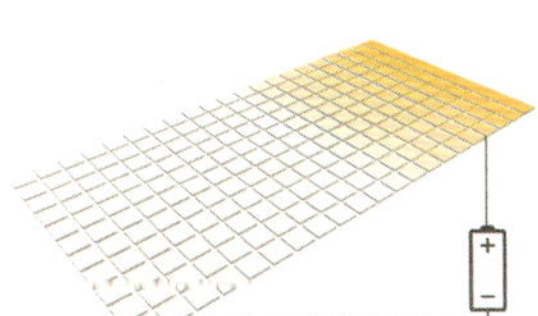

地面发电Power Generation

能量采集Energy Acquisition

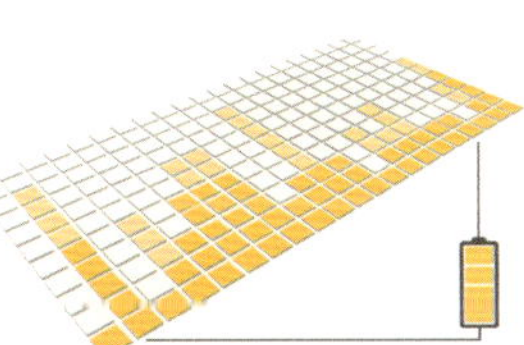

能量转换Energy Conversion

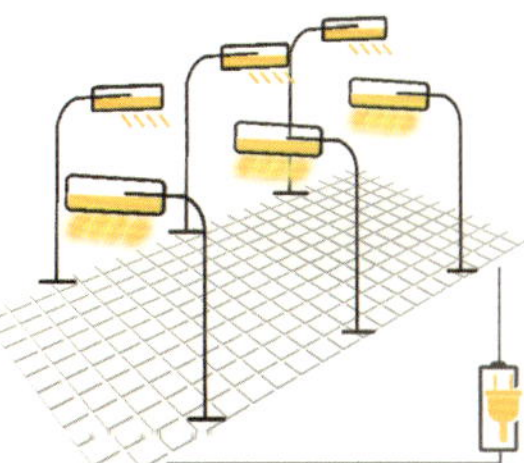

电力供给Power Supply

视觉引导 Visual Guidance

日间：能量消耗可视化

夜间：互动游戏可视化

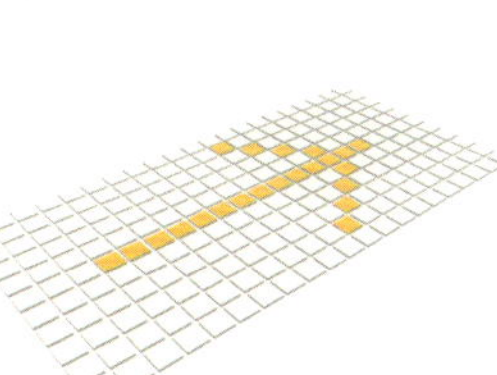

标识引导可视化

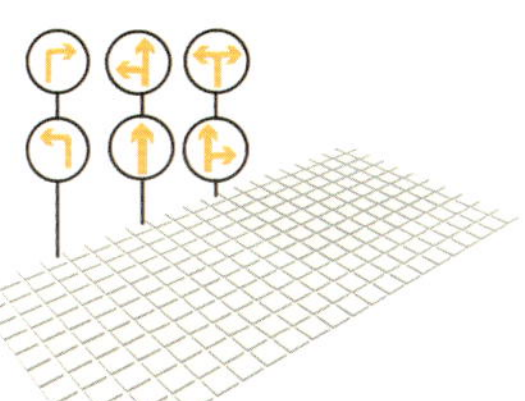

信号灯可视化

我们的设计基于对场地上人群活动的调研和探究，希望通过设计激发并鼓励一种健康的、安全的、富有趣味的生活方式。面向健身人群、过往居民以及活动儿童，我们设计了一条和人群互动的城市跑道，分段分布在场地道路靠近绿化及活动带的一侧。

方案旨在加强环碧路绿道的趣味性和互动性，将日常街道生活转变为游戏场景，引导居民参与城市生活；收集个体提供的资源，实现对社会的回馈，宣扬“正能量”；鼓励居民从自身意愿出发，思考个体对城市的贡献，共同提升周边社区品质。利用压力发电技术，将街道产生的电能收集并储存，形成一套能量回收系统。

在路上——城市能量激活带——表现图

The Wish House
许愿屋

何东明、童虎波 / 武汉栖行建筑设计事务所

命题与叙事

关于海的诗句特别多，“面朝大海，春暖花开”不觉深耕于心。对于一个不是生活在海边的人来说，滨海的城市无不令人向往。深圳是一个典型的滨海城市，对她的印象一直被舆论所左右：人潮攒动，城市充满竞争的焦虑，时间似乎在这里是奢侈品，等等。亲历后才发现这个城市年轻而又充满能量，不同行业聚集着不同地方的人群，在这里，“归属感”似乎成为大多年轻人乐见或是回避的话题。

时代的变化已被信息主导，而信息将我们的生活与空间逐渐剥离，尽管我们常常以效用、地域、文化、生态等来规训一个城市的发展，但城市的边界已经变得模糊，当下的城市离散生活方式使我们对回归日常生活更为迫切，因为这样能形成多样的社会交往，为生活建构定居感。

许愿屋一效果图

许愿屋一效果图

许愿屋——效果图

罗西认为城市活动的原点是纪念物，其“纪念性”是永恒的，它体现了城市集体无意识的记忆。在我看来，当“纪念性”渗透在城市空间中，这样城市就有了“时间”原点，日常的生活也有了归属和纪念性。此外，本次竞赛主题是“趣城”，我认为“趣”有两种：一种是趣本身；另一种是趣的叙事，第二种似乎更有挑战性，因而，如何将**“建构日常生活仪式感”**和**“趣的叙事”**结合成为我在这一设计中主要思考的方向。

“建构日常生活仪式感”是关乎场地选择和场所的精神的命题，而**“趣的叙事”**则指向了空间的功能的思考。通过对用地进行比较，我最终选择大梅沙湾作为设计场地，因为海能代表这个城市的地点性。在海边营造一个小屋，就像海德格尔选择在山坡上建造木屋那样，让“栖居”从心中被呼唤出来，将房子化身为一个日常生活的“纪念物”，为大家提供一个交往与许愿的空间，使记忆铭刻于空间，叙述关于海、居、思的诗意。

线索与过程

思路的碎片拼贴逐渐形成了设计的轮廓，我们通过场所与建构、材料与建造两个层面明确进一步展开设计。为了在海面上营造一个静谧的场所（光、海浪、天空等），即与海共融的幻听视景，设计选择以“边界 ”和“包裹”形成建构线索，于是，设计的命题逐步转译为：如何形成一个“包裹”光的空间，它既有结构效能也是形成围护的“边界 ”？

迷惑之际，雕塑家理查德 · 赛拉的作品给了我特别的启发，赛拉的作品大部分是用金属板材制作的，他敏锐地捕捉到结构和材料之间边界性，并在作品中通过板的弯曲以获取结构自平衡的极限，这使我不由想到了壳体结构的建构效能，顿时思路豁然开朗，即：通过薄壳结构本身的空间建构潜质，使其既能满足结构的自平衡，同时又能围合成为一个空间。

在建造层面，我们选择透光纤维混凝建造薄壳结构，该材料有丰富的自然肌理和透光性，能将光漫射到内部空间，形成安静的氛围。壳体内部底层为活动筏板，其空腔部分能产生浮力，并通过下面的稳定机构装置适应不同水位线。另外，该壳体整体预制，并通过构件在现场连接，这样以适应海域的施工环境。

空间是氛围的容器，除了上述材料在透光性上的处理，我们在竖向上夸大了壳体与人之间的尺度对比，而水平面则是一个普通的“房间”，通过两个维度的尺度处理构建了空间的仪式。

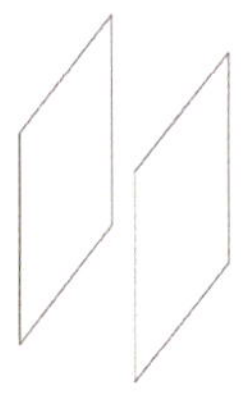

设定 enactment

弯曲 bend

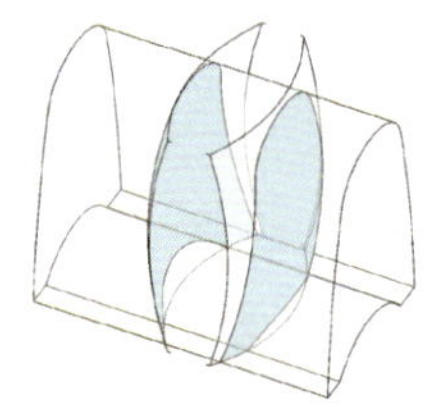

剪切 cut

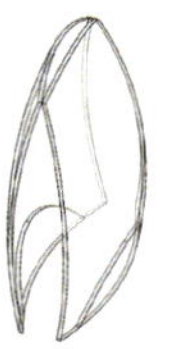

拼合 synthesis

许愿屋——概念生成

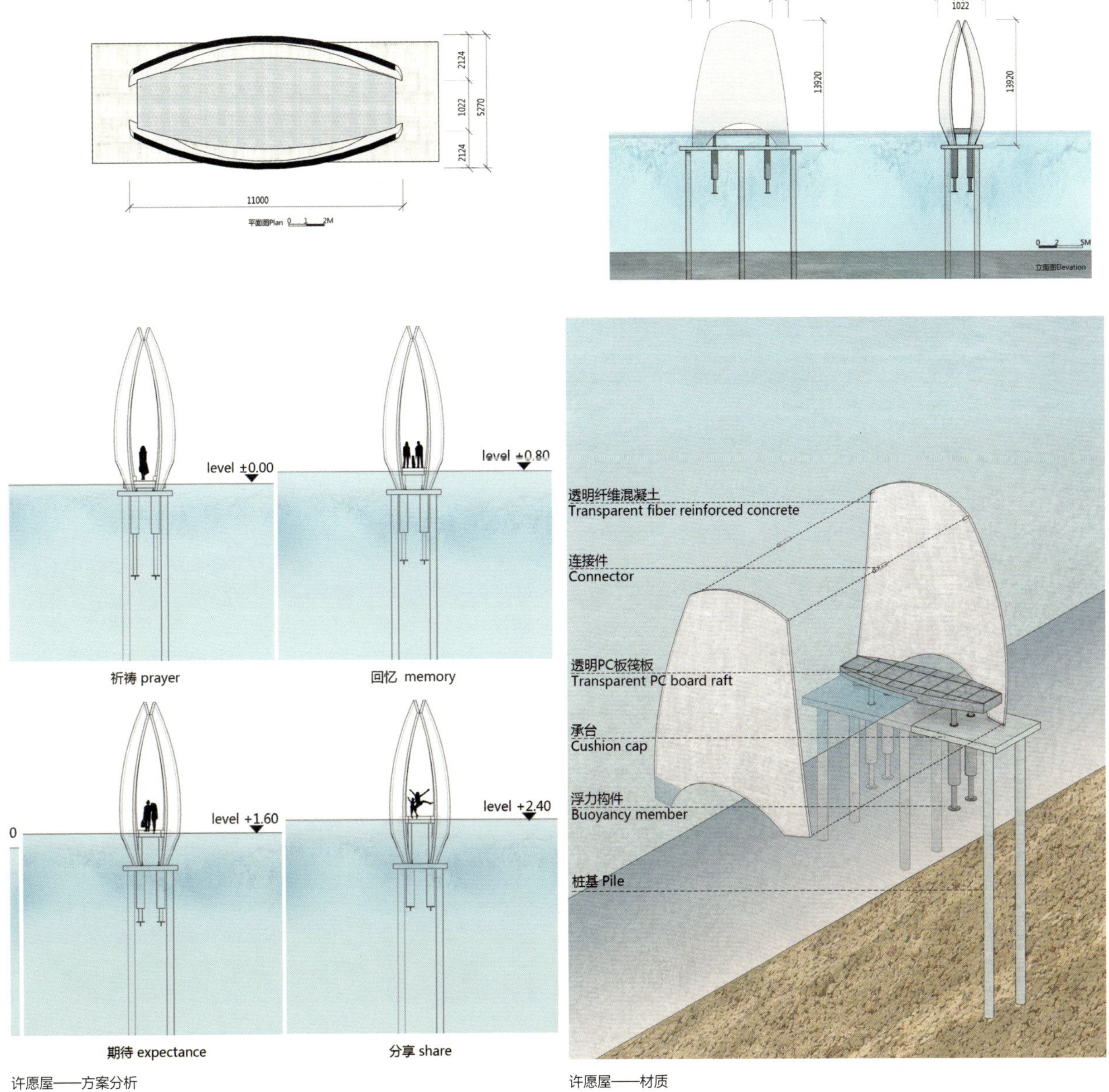

许愿屋——方案分析

许愿屋——材质

空间的生产无法脱离资本的驱动，而资本不是空间唯一的杠杆，未来的空间的生产更多是文化的生产，建筑师们会有更多的社会参与性。“许愿屋”的设计恰是将社会最基本的交往（亲情、友情、爱情）放大于这一海边的房子，它让人们重视日常，重塑温情，以激发社会自发性的交往文化，从这一点来说设计动机可能过于“宏大”，但它是一个令人期待的尝试。

除去这一作品的思考，重温自己的设计之路，发现设计应该是一程“解释自我”的快乐苦旅，即使迷途也未知返，我一直比较喜欢王小波关于人生解释自我之说，事实上，解释自我同样是在解释你所在的世界，一如我们对未知世界的期待……

许愿屋一效果图

Smile In The Rain
雨中微笑

贾茵、张本钰 / 个人

“纸上谈兵”

方案设计，历来源于天马行空的“纸上谈兵”，我们的团队当然也不例外。接到任务书最初的日子里，面对数量繁多的选址地点我们一时间没了主意，即使团队只有两个人，可关于选址讨论的激烈程度丝毫不逊于十几人参与的大团队，你爱碧水我爱青山，这 50% 对 50% 的争论甚至不给你一个少数服从多数的机会。

每个选择都有着看似无可动摇的理由支持，于是，在“山”“海”“城”之间举棋不定的我们决定：带上各自的想法，去盐田。

效果图

“雾”遇盐田

到深圳已近正午时分，时间所限我们一路狂奔到大梅沙。来自北方的孩子对于下午三点的大雾是闻所未闻的，站在大梅沙的海滩，目力所及竟毫无海的踪迹，只能在天地相接处斑斓的人影中猜测海的方向。海滨浴场？算了，信心满满的盐田第一站就这么被 pass 了。虽然被天气泼了一头冷水，我们却没有停止对问题的思索。与海滩格格不入的垃圾桶、无处休息只能席地而坐的游人、找不到水龙头冲脚的观光客……这好像都暗示着我们能做点什么。

沿着海滨栈道，徒步转战数公里，糟糕的天气加上赤潮，思路再次陷入僵局，除了发现诸如座椅等一些功能性景观装置的欠缺，却也一时想不出什么更好的主意。夜归落脚处，“趣城”，找了一天的突破口，怎么都落不到这个“趣”上，团队沉默。

街道现状图

BOTTOM COAT
ULTRA EVER DRY
PART# 4002
TOP COAT
ULTRA EVER DRY
PART# 4003

D x2 pcs
B x 2 pcs
A x1 pcs
C x 2 pcs

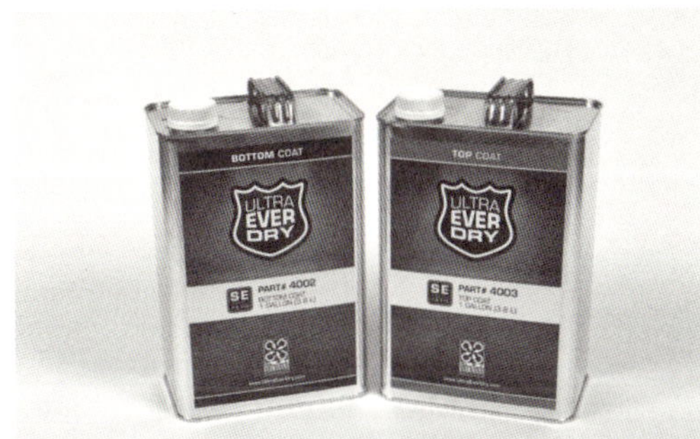

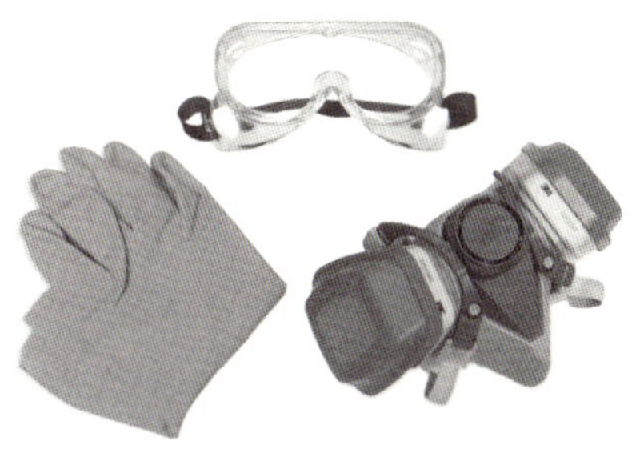

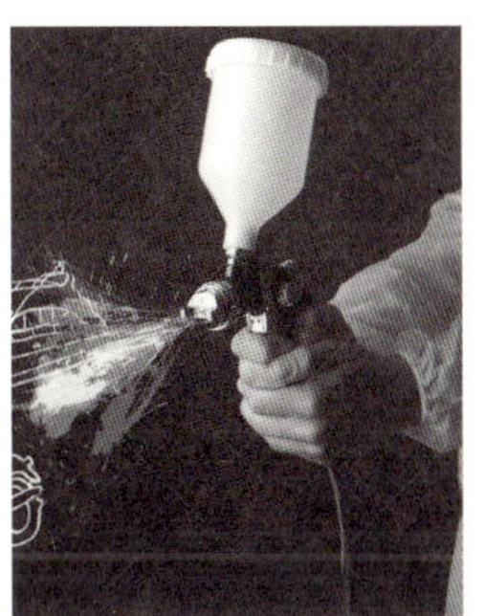

雨中微笑——方案分析

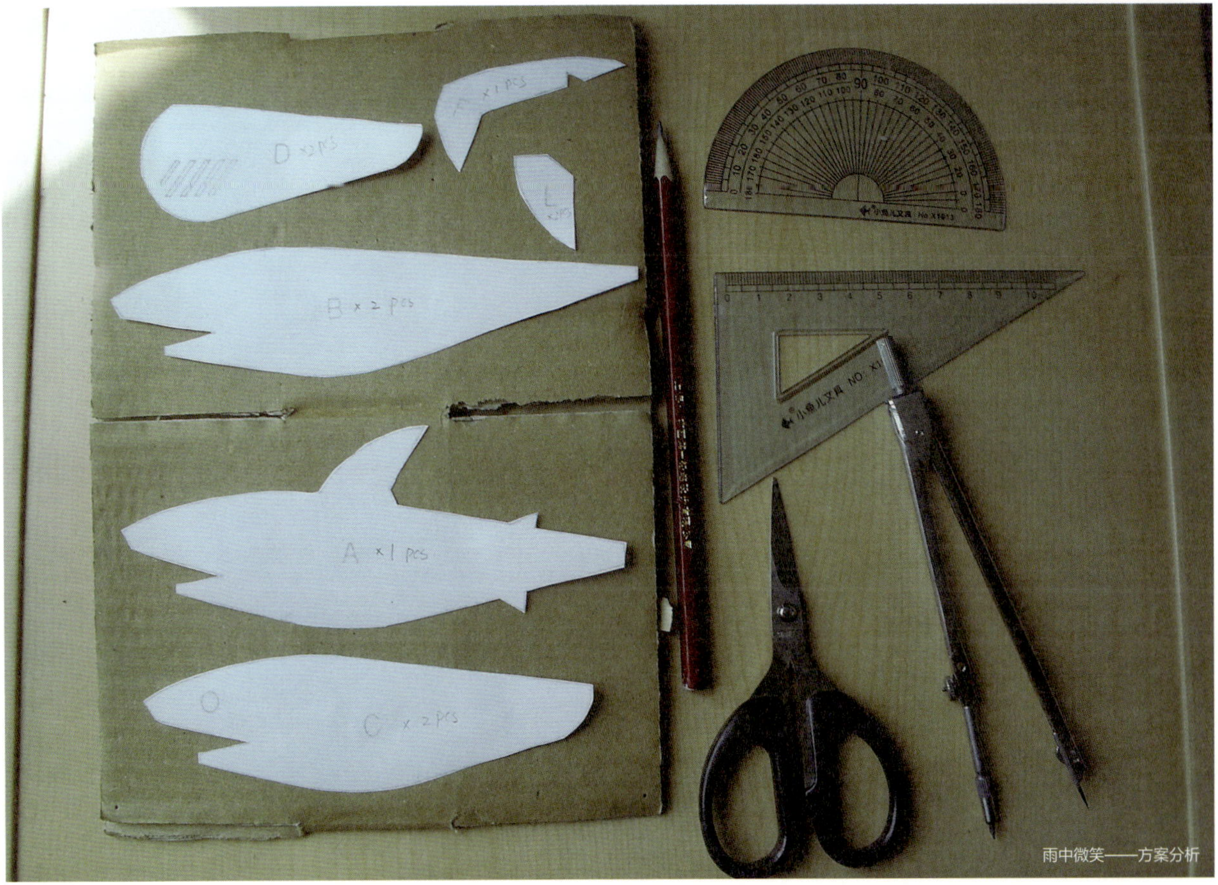

意外收获

城中村在我们的印象中总是伴随着一些不那么积极向上的形容词，之前对于城中村这个选题并没有做太多准备。走在雨后大梅沙村的街道上，灰色成了主色调，突然脚下一抹鲜亮的颜色引起了我们的注意。五彩斑斓的井盖引导我们来到了大梅沙村中心，雨后的村广场上寥有行人，只有一群孩子围着药店门口的游戏机不时传出笑声。我们这个两人的小团队终于也达成了统一的目标，就用雨天做文章，让雨天变得充满乐趣。

雨中微笑——方案分析

一气呵成

回家后，我们以雨天为关键词开始了疯狂的搜寻，一种防水材料引起了我们的注意，经过了解，起作用的是一种超疏水涂料，加上之前我们看到村里的各式彩绘，一个想法萌发出来。

如果我们以超疏水材料作为颜料，在地上画出各种图案，雨天的时候，没有涂料的部分会吸收雨水颜色变深，有涂料的部分不会发生变化，图案也就显示了出来。而平时，这种疏水材料无色无味，不会被察觉到，也不会影响环境。经过几个月，涂料会渐渐被磨掉，这时就可以涂上新的图案，通常超疏水涂料的使用周期和雨季的时间长度差不多，也就是每个雨季到来的时候都会有不同的图案，带来不同的乐趣。于是，孩子们的兴趣将不仅停留在游戏机上，他们会更加亲近自然。

后记

“趣城计划”是一个非常多元而开放的平台，来自世界各地的设计师带来最前沿、最独到的设计，实在获益良多，所以能在此获奖我们深感荣幸。希望在以后的设计之路上我们能秉持着创新的姿态，越战越勇。

雨中微笑——概念生成

Happiness And Growth Of Little Yantian
盐小田的幸福成长

陈宁、张漪、Minga/ 深圳奥雅设计股份有限公司

城市，让人生活更美好。这不是允诺，不是预言，而是社会实践。此话不假，但充斥在城市中一个个鲜活的如我般的缩影，他们在挣扎、在奋进，他们胸怀着梦想希望在这个城市中闯出一片天地，至少成为略有闪光的一个缩影，在深圳这个大城市中更是这样。城市是忙碌的，人流缓急，匆匆过往，繁华城市背后是更多夜色下的孤寂与奋斗。所以，借由趣城计划，我创作了一组作品——盐小田的幸福成长，这是城市大多数人群的缩影。

题材元素上：盐小田素材来源于我和女友，我们把生活趣事融入作品中，进行幽默化处理与提升。我们从来到这个陌生的城市，从一无所知到慢慢熟悉，如大多数人一样，从事着我们繁忙的工作，偶尔闹点小矛盾，调剂下生活。或许，碰到工作中或生活中小难题，但是总能慢慢解决。偶尔旅旅游，拍拍自拍，有点趣闻。又或者随着阅历的增长，对事物的认知发生转变，有点小骄傲，又或者……总之痛并快乐地倔强生活着。所以，这组作品是个充满人情的系列作品，盐小田的自然之乐、父子之乐、运动之乐等，既是成长过程的写照，又揭示了一定的生活哲理。只要生命不息，故事则不断。

盐小田趣城计划

效果图

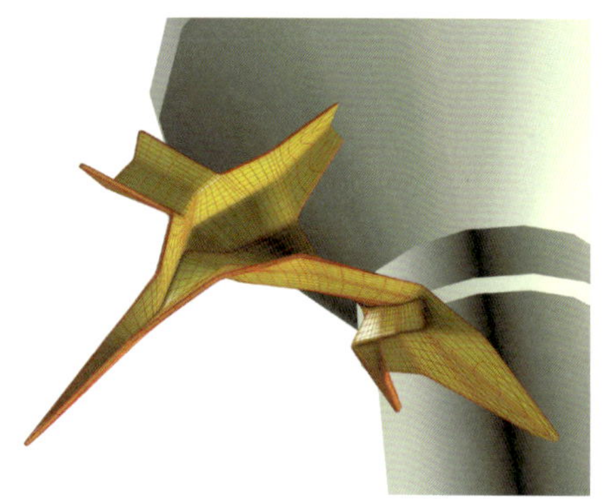
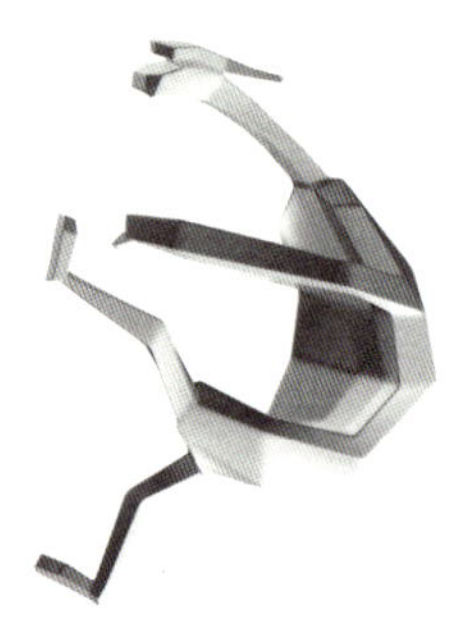

概念生成

艺术手法上：造型与设计语言上追求高度概括，形式上更注重幽默夸张的表现形式。力争每件作品都能让人会心一笑，点到为止。城市已经足够嘈杂，也许某个上班的清晨在某个角落看到这件作品，能够感受到那份轻松欢愉，带着一天的美好的心情去工作，我想对作品本身来说已经足够了。

公共价值上：更倾向于在原有基础上改造与点睛，而不都是一味再造。如报税区的烟囱，原本被废弃，但如果稍加改造，通过公共艺术的介入让其重获新生，不失为一种不错的艺术尝试，对社会资源、对环境来说，更多的是利好。而且，对城市情感确认度的文化塑造上大有裨益。

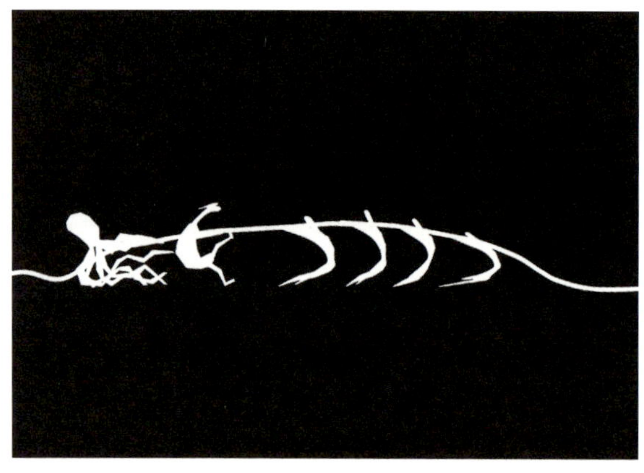
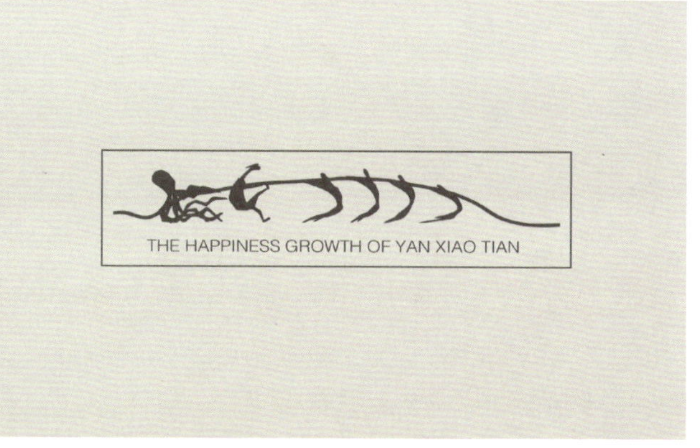

"盐小田"形象元素提取：主要包括 4 种元素，即“盐小田”自然之乐之学会生态；“盐小田”父子之乐之学会尊重；“盐小田”运动之乐之学会坚持；“盐小田”朋友之乐之学会互助。设计希望将“盐小田”幸福成长的足迹撒满盐田每个角落。预想的改造选址为海景二路以及大梅沙或海滩。

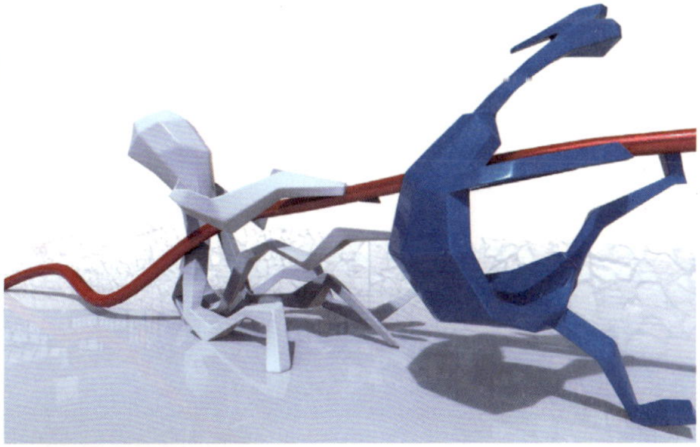

Aquatopia
海的异托邦

刘潇 / 全体建筑创始人，华南理工大学建筑学院博士
刘琮晓 / 华南理工大学建筑设计研究院主任建筑师

“趣城”实际上包含了“趣”与“城”两个概念。“趣”是一个比较难以定位的概念，如童趣、妙趣、情趣，各有所指但统一描述了一种使人惊喜或愉悦的心理活动。而“城”的指代对象较为明确，它立足于现实世界，指向城市物理环境整体。因此“趣城”实质上应包含两个纬度，既是对生活中一些稀缺但动人品质的再发现，同时也是尝试思考城市如何运作，回应城市问题的过程。两条线索思考一开始分离，最后逐渐融合成一个设计，发展为完整的图景。

我们想到的第一个场地便是深圳大梅沙。大梅沙海滨浴场是深圳城市化背景下应运而生的产物，但随着近年来人口的涌入与城市化矛盾的激化，产生了过度拥挤、垃圾剧增、服务设施匮乏等一系列公共空间质量低下等问题。

我们采取了相对直接的策略，在大梅沙上植入了一系列景观小品，也同时作为服务市民的设施，这些装置按照使用频率和服务半径，覆盖沙滩，形成体系。包括大、中、小三个尺度：

“微介入”：插入式半埋装置，可用作垃圾箱，其他季节是可移动的艺术装置。

“小介入”：更衣淋浴间，外部环绕可供多人冲洗的淋浴喷头，内部是更衣室，在其他季节也可作储存空间。

“轻介入”：环形游戏环，环的本身提供各种的康体设施，内环围合一个相对宽敞，可供文娱活动的露天场地。

4
S, XS, XXS
小，加小，加加小

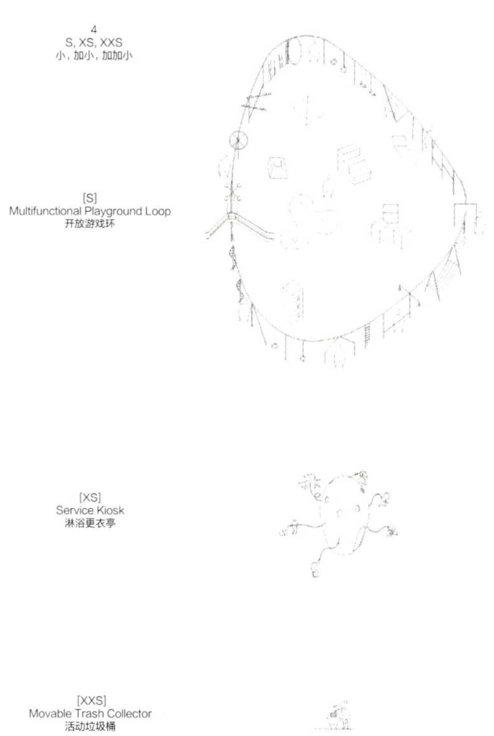

5
OVERALL STRATEGIES
总体策略

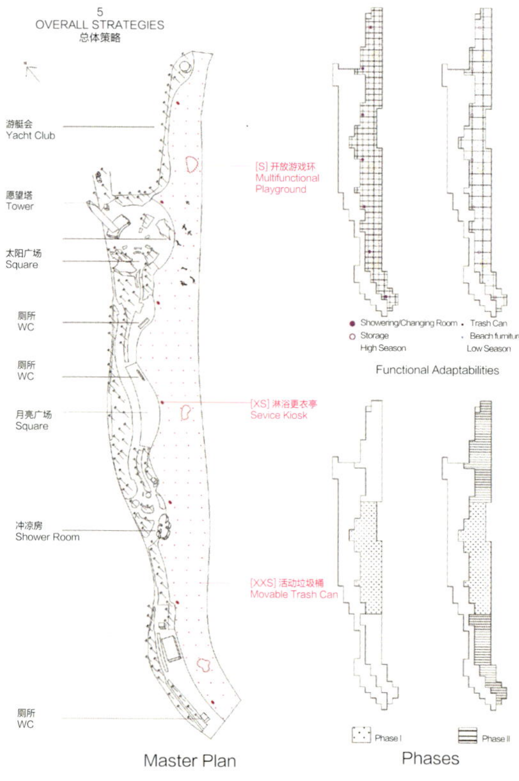

Movable Trash Collector
High Season

Urban Furniture
Low Season

Shower and Changing Kiosk
High Season

Storage
Low Season

Plan

Top View

Plan

Roof Plan

Section

Elevation

Section

Elevation

效果图

[S]

MULTIFUNCTIONAL PLAYGROUND LOOP

开放游戏环

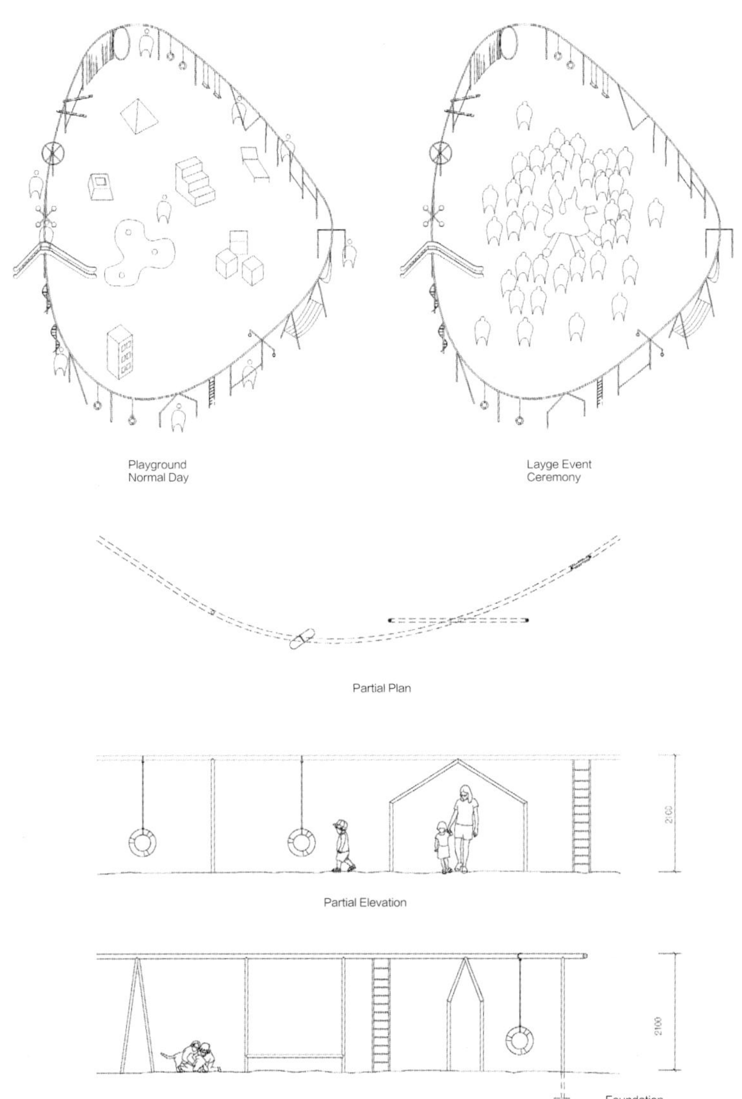

Playground
Normal Day

Layge Event
Ceremony

Partial Plan

Partial Elevation

Partial Section

之所以选择海滩作为实验场，是因为海滩本身就充满乐趣。福柯曾有“异托邦”的描述，如花园、剧场，它们是一些从现实分离但真实存在的物理环境。正如海滩一样，它们拥有与城市生活截然不同的品质：没有拥堵的交通，密闭的工作环境，是人类精神与生活的放逐地。库哈斯在《疯狂的纽约》中，甚至将人类对海滩的向往，描述成一个有些夸张残酷的寓言场景：“海滩本身变成了一群几乎绝望的大都市生活受难者最后的避难所，他们用身上最后剩下的铜板，购买了科尼岛（纽约的沙滩）的门票。他们挤在一起，拖着家人及生活的残骸在等待最后的时刻……眼里凝视的是冷漠的大海，耳中回响的是海浪拍打沙滩的声响。”在某种程度上，海滩不是一个城市局部，而是城市的一面镜子，一个虚拟的城市。

我们希望以海滩作为城市的对照，去捕捉现代城市中缺失的生活品质。这个过程开始于一些想象的场景，这些想象的场景是一些具象的画面：可以是一个没有透视的全景图，不带主观情绪地反映沙滩上所有人群的活动；也许是反映微观感官体验，如细沙的柔软、水花的冰凉、儿童的嬉闹；也许是表达某个动作瞬间，如视野凝聚在海平面的某个远方的点。但当这些画面逐渐清晰起来后，通过推导演绎，具体的空间策略才慢慢形成。与其说这是某种表现形式，或一个从上至下、策略性的设计，不如说是一种漫游式的、对城市的一个想象。

通过这个想象，希望传递一些我们对城市的态度：

我们相信公共空间质量与其造价或尺度并无直接的联系，如沙滩上两个门式钢架，可以激发进行一场沙滩足球的比赛的欲望，介入很小，但影响的面很广。在中国城市追求宏大语调的背景中，这种微小、极轻的介入，也许是城市问题的一种回应。

城市建设是一个共建过程，不仅需要建筑师的智慧，也需要政府和大众的群策群力，虽然看问题的角度不同，但通过思维的冲突融合，最终形成新的文化。在此项工作中，我们尝试不带入建筑师的思维惯性，对大众的喜好保持开放的态度。提案中的一些奇思妙想，也许不被严谨的审美习惯所接受，但正代表一种更为包容的多元视角和价值观。

对于我们而言，一个好设计也不应被设定为一个“实”的雕塑，而更像一个“空”的框架。通过大众参与，以自己的方式填充，激发善意的举动，使其不断生长变化，最终成为一个活的物。在互动过程中，逐渐影响人们认识城市的方式，借以引发更大尺度生活方式的变革。

从竞赛的角度，“趣城计划”是一种思维范式的转变（Paradigm Shift）。这个命题给予年轻建筑师一个机会，把日常生活中的“趣”放到了一个和“城”同样重要的地位，城市建设变得看起来是一个不那么高高在上的话题。也让我们开始去重新思索海滩这类“异空间”与都市共生共存的关系，以另一种角度读一座城，造一座城，感觉忽然打开了视野。

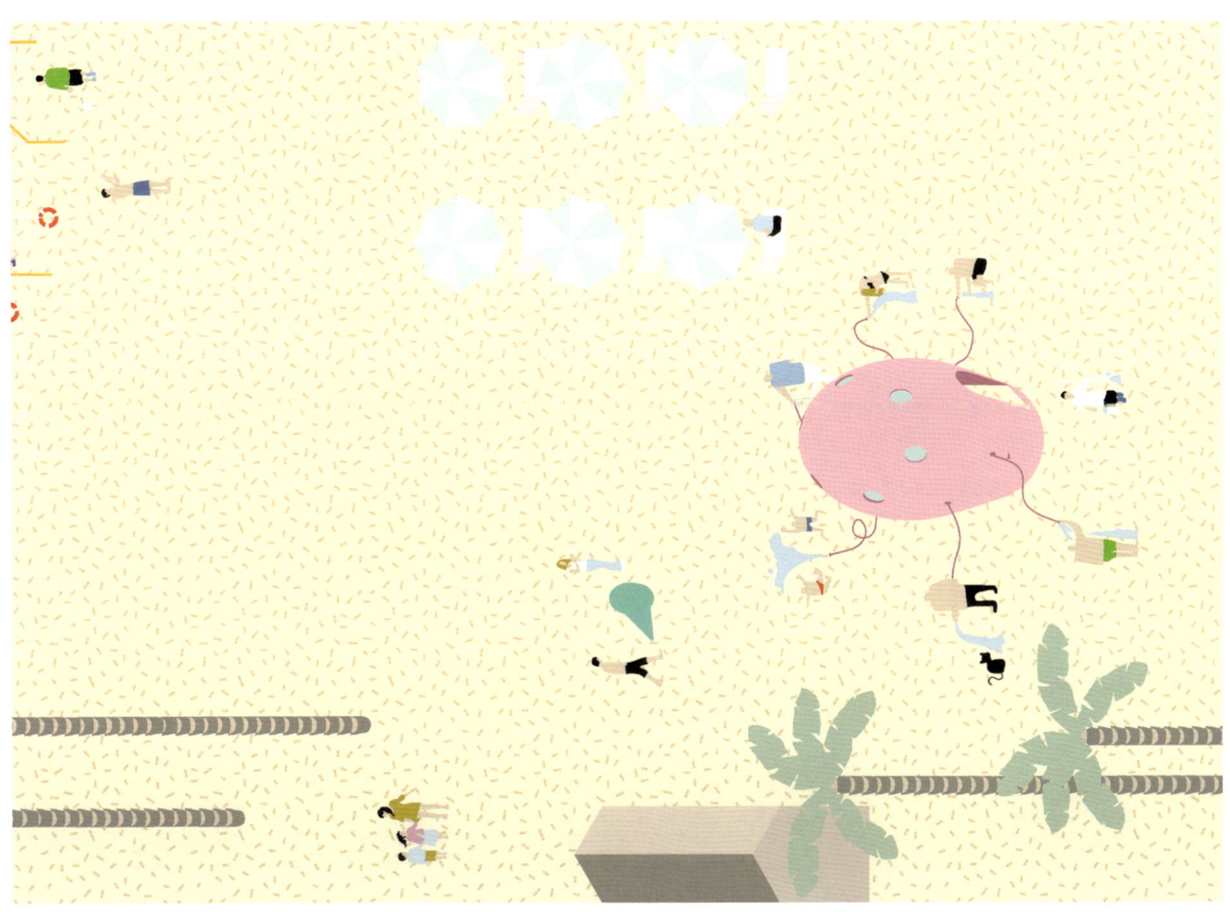

New City Camp System
新城市露营系统

刘成威 / 同济大学

深圳盐田因其优美的环境逐渐地成为驴友们热衷的去处，城市中工作的人们有时也想来一场短暂的背包自由行。而城市的发展使盐田正在失去供人们休闲的绿地，外来的旅客在城市中扎帐篷，环境条件差、不安全、影响市容。在城市高密度的发展模式下，居住空间、公共空间等城市空间都在呈垂直的方向发展。

通过垂直化设计的立体露营系统，从帐篷单元、信息化入住、地景的处理，从而形成城市新的活力空间。

效果图

效果图

原有汽车的尺度

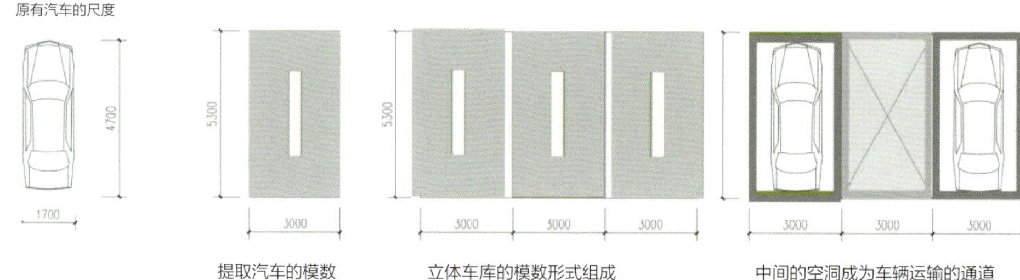

提取汽车的模数　　立体车库的模数形式组成　　中间的空洞成为车辆运输的通道

单元帐篷的模数提取

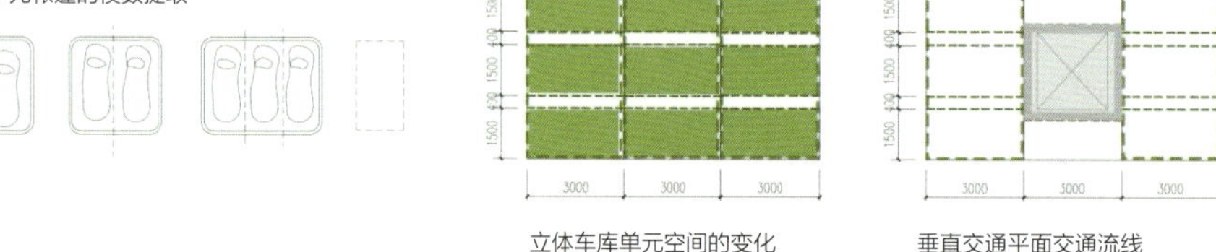

立体车库单元空间的变化　　垂直交通平面交通流线

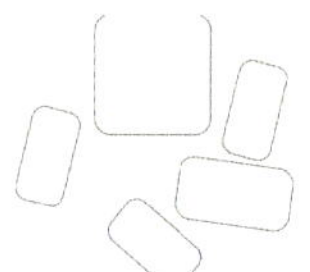

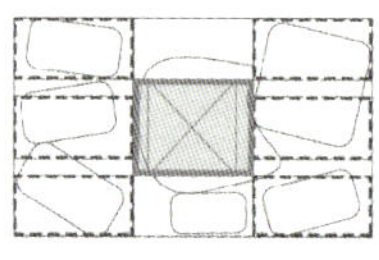

帐篷布置延续平地时的随意性，网格控制

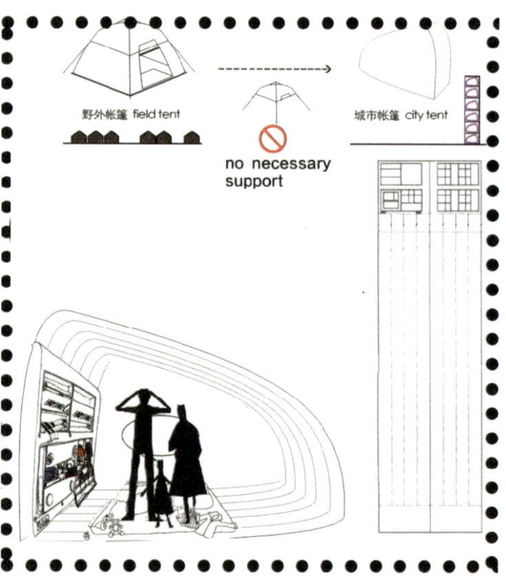

网上预订　在家收拾好　拖着行李　刷身份证 check-in　到达本层

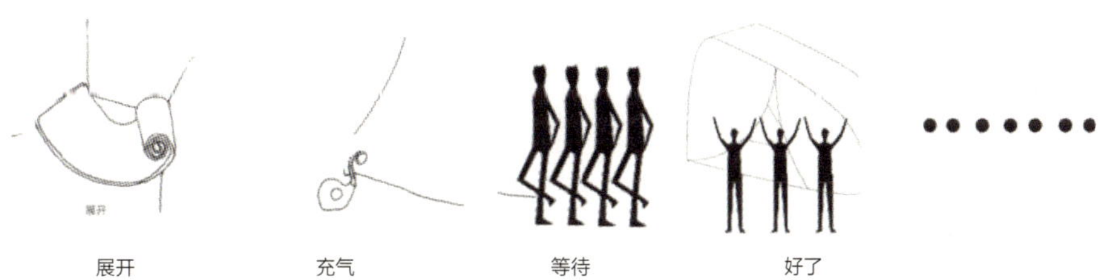

展开　充气　等待　好了

放气　叠好　背好离开

嗨，对面的邻居你好啊！

真巧啊，你也在这里，有空过来坐坐。

unex-
pected
friend

在这里露营真好！

unexpected
management

big family

单元转化 transform unit

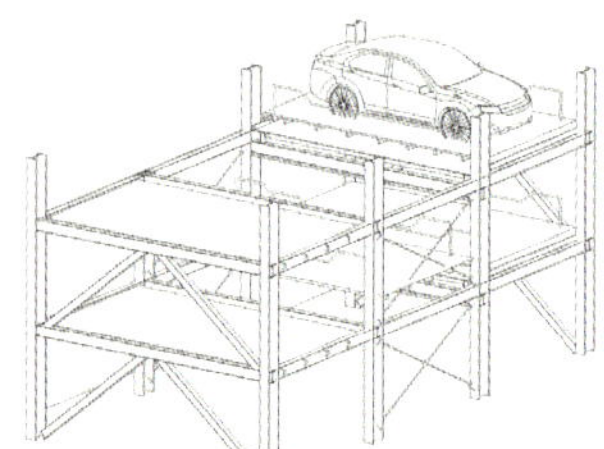

引入枯山水
add stone garden

楼层立面示意
floor facade intention

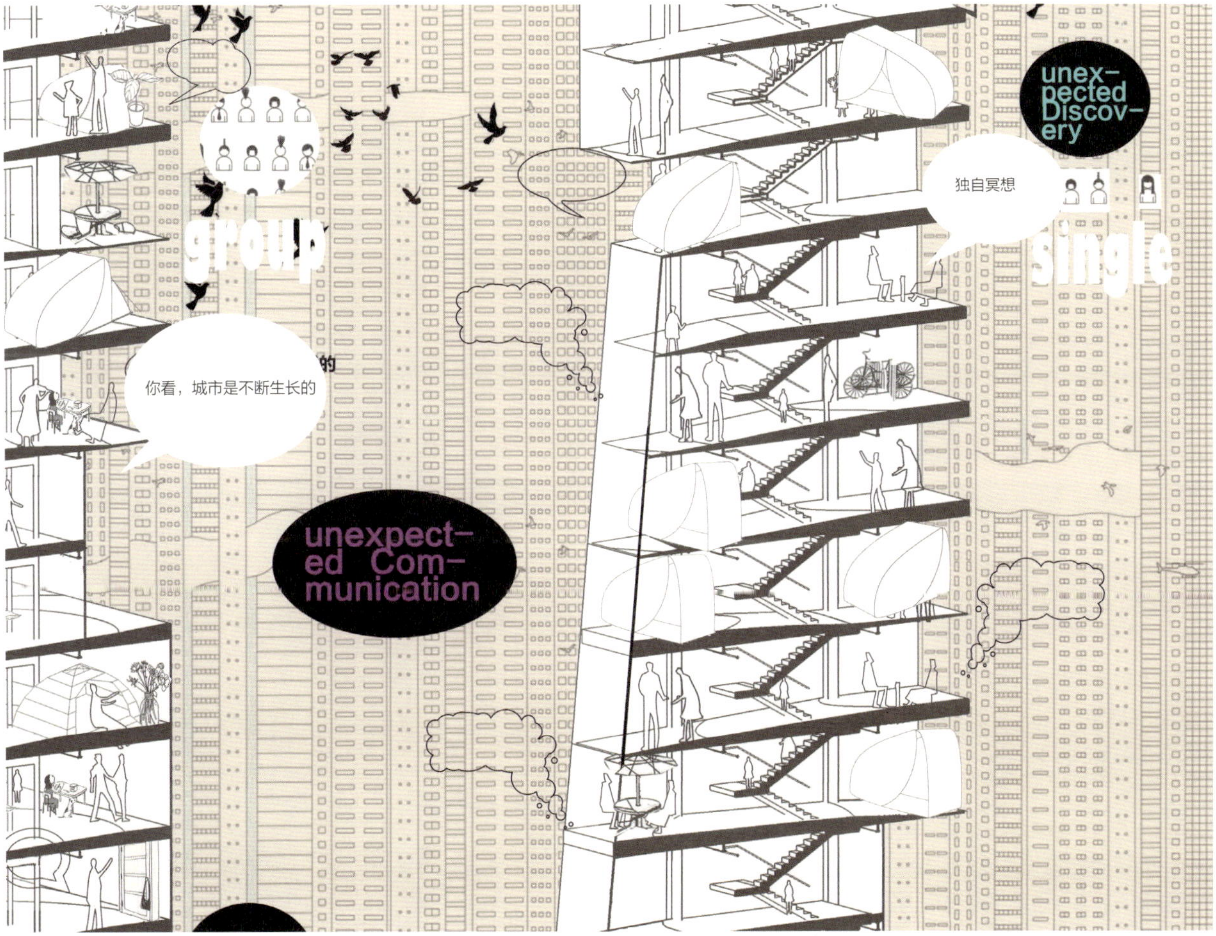

group

你看，城市是不断生长的

unexpected Communication

unexpected Discovery

独自冥想

single

城市立面 city facade

Fish Pavilion
晒鱼亭

陈伟鹏 / 邑人建筑主持建筑师，同济大学建筑学硕士，帕维亚大学建筑工程硕士

“夜晚的风，流淌于大山大海之间，穿越了水平摩天楼下的架空花园，伴随着迷离的光线，混合了茉莉花的香味……”多年前一场建筑英语课的考试，翻译了这段霍尔的万科中心介绍，当时未曾料到有一天，我会在几百米外的大梅沙海滨栈道，同样做一个和风、光、记忆有关的设计。

来自南方的海风迎面吹来，
闪耀着微光的鱼群在空中游泳，
模糊了远方云的形状。

盐田区水产资源极为丰富，有多种名贵的鱼虾、蟹贝，但自从盐田港码头建造以来，捕鱼就变得艰难了，渔民的成本增高，继而不再以打鱼为生。飞速发展的深圳带来了很多机会，但也让一些事成为过去。能否做点什么，让渔民们有所怀念？让游客能够知道这片山海之间曾经发生过的故事？让民众更加重视这片大海予我们的恩泽？

中国沿海渔村，历来就有晒鱼干的习俗，一到秋冬季节，家家户户外面都挂满了各种各样的鱼干，深圳也不例外。这种晒鱼的小架子，铺天盖地组合后产生的整体序列感极为动人，阳光晒在单体上流露出的海洋生命属性，以及穿越空隙之后在地上打出的奇妙阴影，已经成为众多人文摄影师的偏爱，在此也成了本次设计的原型。

效果图

项目选址在盐田区海滨栈道的一个观海平台上。此处西接大梅沙，东连盐田港，面朝大海，左手是过去的渔村，右手是现代的港口，具有开阔良好的景观视野和历史承接意义。栈道是一个线型的体验空间，强调的是人和自然的互动，在其中置入一个具有一定纪念意义的装置，能够丰富这个序列的内涵。考虑到海边常有大风出现，故基本的结构断面采用较为稳定的三角形钢架，并于地面固定，整体没有大的受风面，减少了倾覆的可能性。

方案从当地具有代表性的海鱼中，选取了 12 种的形体轮廓作为模板，加以简化，制作出 1 226 块悬挂镜面金属板，这些鱼形态各异，大小不一，但都保留了主要特征，具有一定的可识别性。镜面金属板套在圆管上，造价低廉，可工厂定制，现场组装，轻便快捷。海风起时，金属板在空中自由地飘动，镜面反射着远方的光线，海和天都映射到其中，呈现出漂浮不定的效果，人在亭中，犹如置身露天的水族馆，也像进入了一个万花筒，体验着周遭被强化的自然元素。

竞赛所提倡的“针灸”方式，已经成为我思考问题的一个重要切入点：有些时候，可以突破“从整体到局部，从规划到单体”这种传统设计思路，尤其是在设计条件比较复杂的城市更新中，从微环境开始，自下而上的操作反而更能解决实际问题。竞赛所提倡的“趣”，更是成了我心中对设计好坏的一个重要评价标准：一个富有趣味性、易于识别、具有较明显特征的场所，能够让人更好地去理解它存在的意义，有时候宁可稍显直白点，也不要过于晦涩。放下套路，卸下包袱，才能做出更加真诚、更加贴近日常的设计。

晒鱼亭——概念

晒鱼亭——概念

晒鱼亭——方案分析

Plug-In Service System Of Yantian Coast
海滨栈道服务系统

董笑笑 / 华东建筑设计研究总院

运营和使用

服务设施由公共部分和私密部分两部分组成，公共部分向市民完全开放，先到先得，私密部分视线空间相对较为私密，需要使用手机 APP 获得提取码，进入服务设施输入提取码后方能使用；此外，不同的服务设施除了在各自特定的地点单独使用外，还可以在一个地点的节庆活动下组合使用，进而为城市的活动提供尽可能多的服务方式。

灵活性与基本单元

本案针对永久性建筑灵活性不足而可移动的临时建筑又难以抵御海滨气候条件的局限提出了“PLUG-IN（插入式）服务设施”的概念：在海滨特定可选地段预先埋设足以抵抗台风的浅式基础，然后在需要时将服务设施在特定地段插入进而为海滨栈道提供安全而灵活的服务。

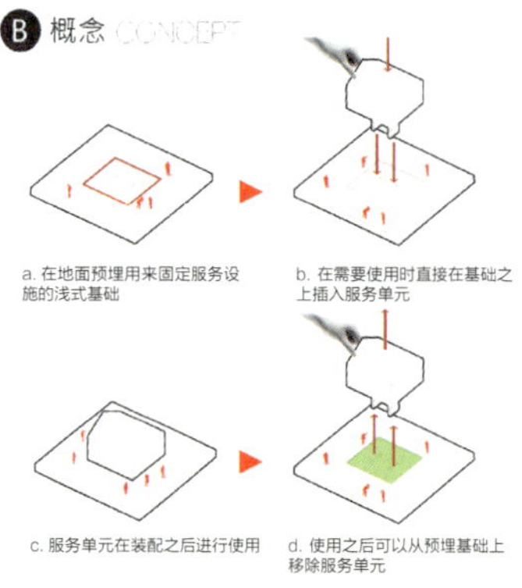

服务设施取法于中国传统穿斗结构的构成方式，由竹材构成的基本结构单元由穿枋连接形成，根据基本单元的连接方式的不同，服务设施可以随之构成不同的空间类型适应不同的功能和活动需求。本案甚至在手机 APP 中提供了一套可供市民自行研发的基本单元组合方式，供服务设施管理人员在一定时期后变换服务设施的组合。

C 基本单元 BASIC UNIT

民居中的穿斗结构：

穿斗结构以及基本单元：

服务设施的基本结构单元：

竹材绑扎
内置钢结构铆接
内置钢结构铆接
预制钢结构基座
连接预埋浅基础

服务设施基本单元的组合：

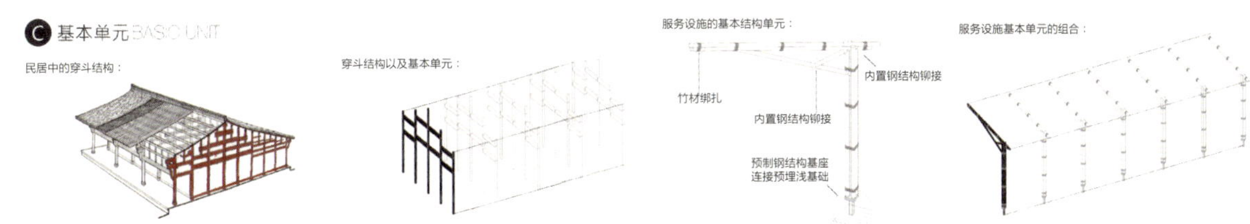

F 使用方式 MODE OF USAGE

部分服务设施需通过预约才能使用

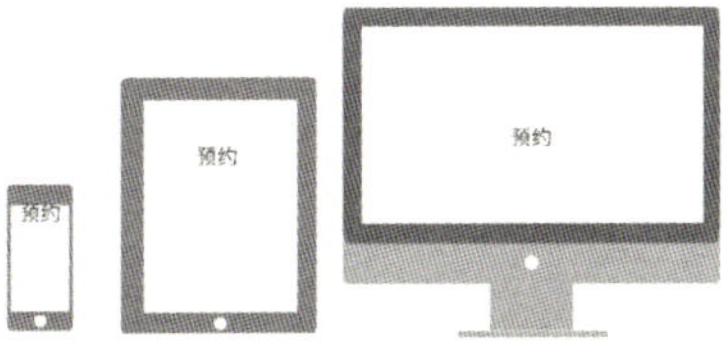

预约
预约
预约

除了作为单独的设施外，这些设施还可以集中起来一起使用

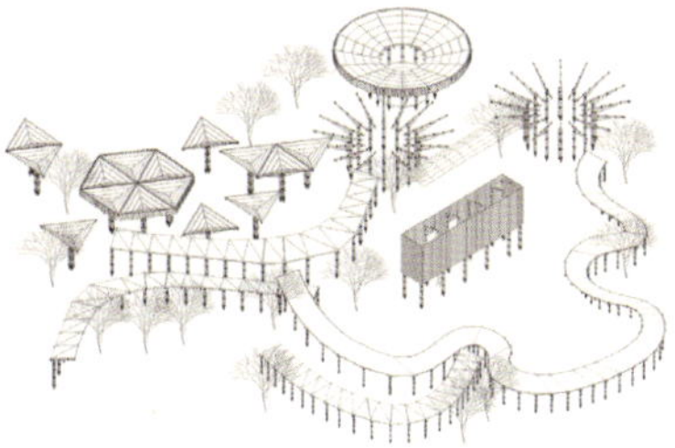

E 维护 / 循环 MAINTENANCE/RECYCLE

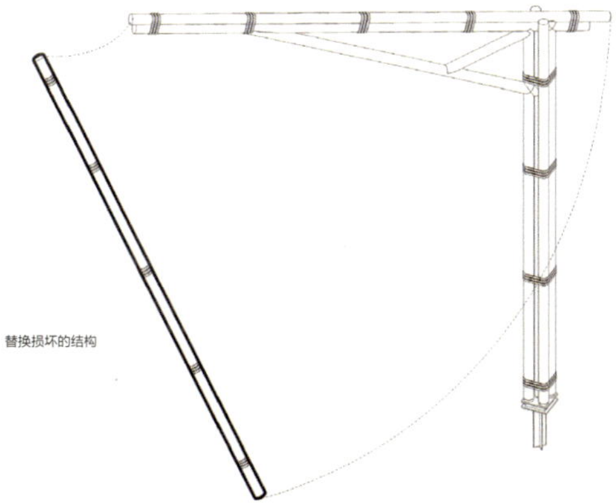

替换损坏的结构

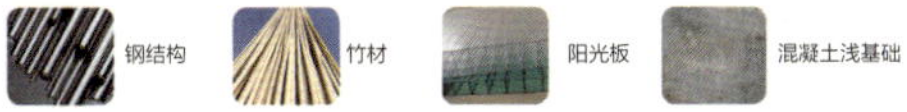

钢结构
竹材
阳光板
混凝土浅基础

D 分期 / 可选择实施 PHASED/ALTERNATIVE DEVELOPMENT

- STAGE 1 第一期：置入服务设施，A-1，A-3，B-2，B-4，B5，C-2，C-3，D-2，E-1，E-2
- STAGE 2 第二期：线路改造：取消尽端的 E-1~E-2 段，置入作为桥的 A-2
- STAGE 3 第三期：置入服务设施，B-1，B-3，C-1，C-4，D-1，D-3，D-4
- STAGE 4 第四期：沿线停车服务设施征地和开发，A-1~E-1
- STAGE 5 第五期：原有港口用地绿地公园的征地和开发
- STAGE 6 第六期：沿线文化创意设施用地的征地和开发

非必要阶段

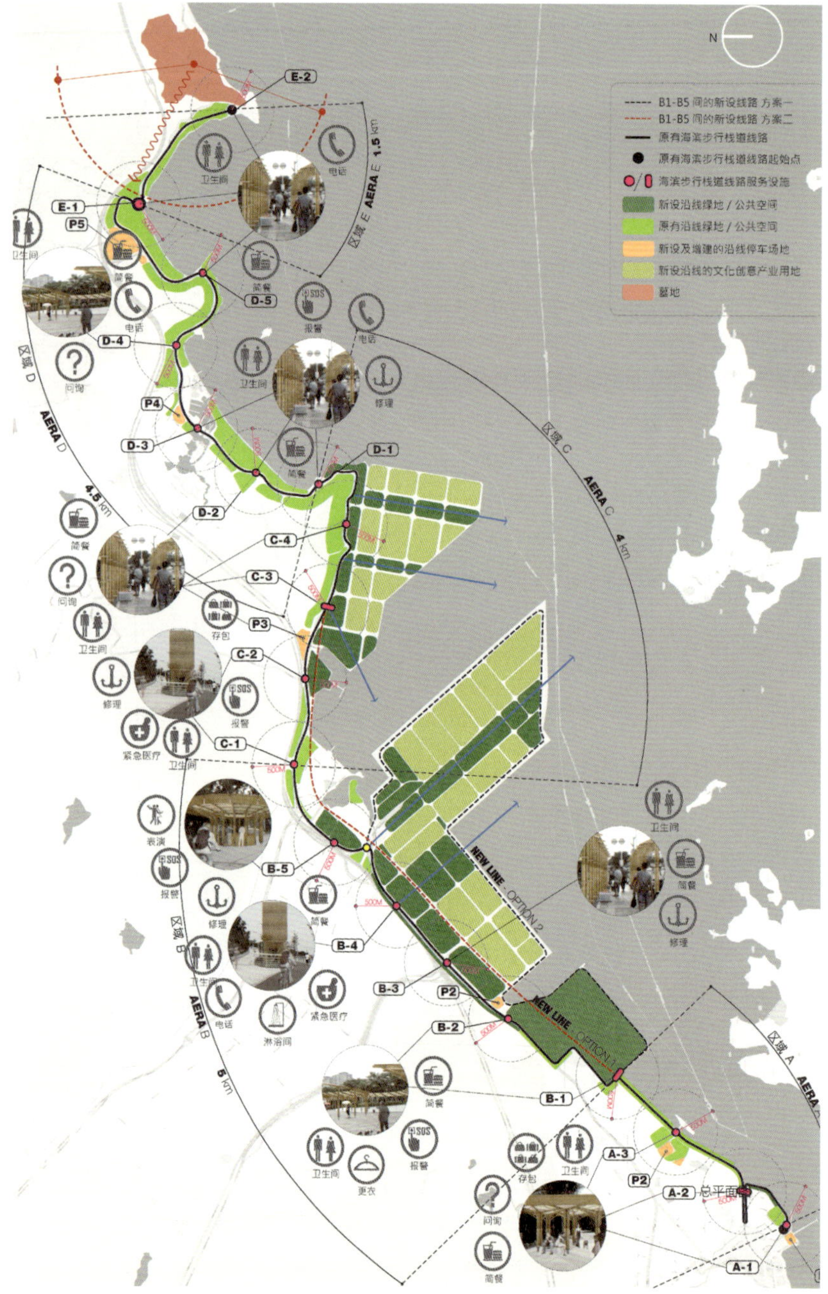
N
B1-B5 间的新设线路 方案一
B1-B5 间的新设线路 方案二
原有海滨步行栈道线路
原有海滨步行栈道线路起始点
海滨步行栈道线路服务设施
新设沿线绿地 / 公共空间
原有沿线绿地 / 公共空间
新设及增建的沿线停车场地
新设沿线的文化创意产业用地
墓地
区域 E AERA E 1.5 km
区域 D AERA D 4.5 km
区域 C AERA C 4 km
区域 B AERA B 5 km
区域 A AERA A
NEW LINE - OPTION 1
NEW LINE - OPTION 2
E-2
E-1
D-5
D-4
D-3
D-2
D-1
C-4
C-3
C-2
C-1
B-5
B-4
B-3
B-2
B-1
A-3
A-2
A-1
P5
P4
P3
P2
卫生间
电话
简餐
报警
问询
修理
存包
紧急医疗
表演
淋浴间
更衣
总平面

维护和回收

由竹材、阳光板和钢结构连接件构成的基本单元不仅造价低廉、便于维护，同时也易于回收利用。局部结构损坏和老化后可以局部替换新的材料。而老化和损坏的材料则可以降解、磨碎或回收，从而降低整个项目的成本并实现环境保护的目标。

分期实施

除了具体的服务设施设计以及设施的运营方式外，本案还提供一套分阶段且可选择的实施计划：

第一阶段：点式插入——以点的方式插入服务设施为海滨栈道提供必要的服务；

第二阶段：沿线环境营造——利用海滨栈道以及服务设施进一步完善沿线的连续性和便利性；

第三阶段：片区更新——在沿线完善的同时开展沿线片区的环境更新，建设绿化用地，改建港口区域为集装箱创意产业园区等。

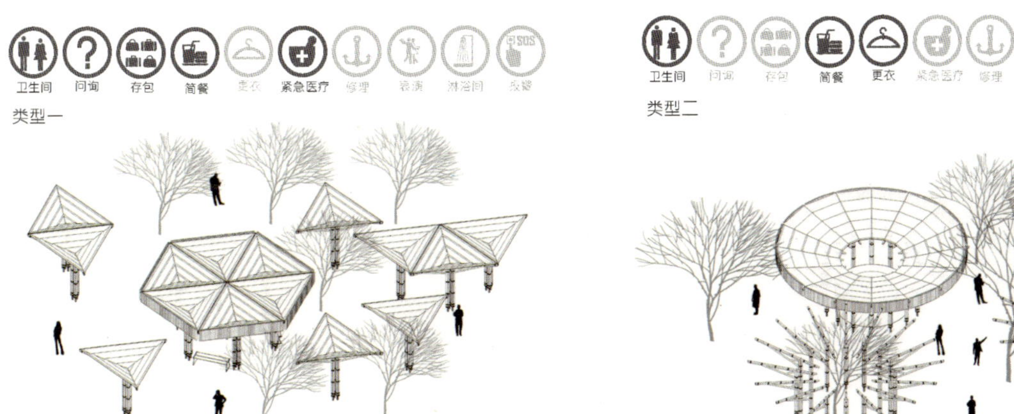

类型一效果图

类型二效果图

类型三效果图

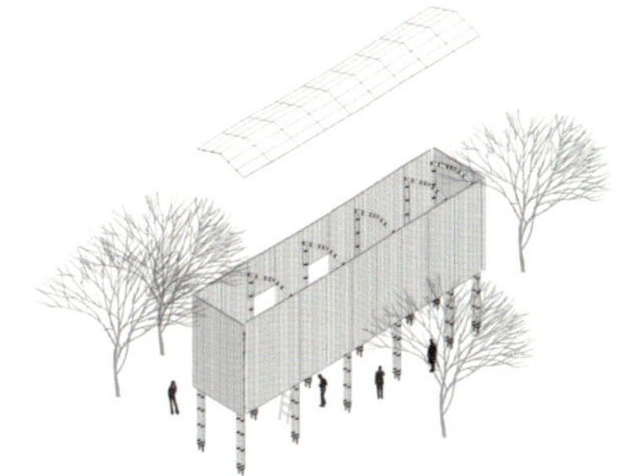

类型四效果图

类型五效果图

The Line Of Gravity
一“线”生机

赵灵佳、吴熙、李轩昂 / 重庆大学

设计概念

一“线”生机的设计来源于对活动与边界的思考：一根线能否给盐田城市空间带来活力与生机？在开阔的广场、沙滩和草坪，人群往往趋于分散，人们在公共空间依然躲在各自的角落用社交网络联系着世界，相互照面的人却没有交集，只用自拍和定位维系着和场所的微弱联系。我们希望通过边界效应，重新划分开敞空间的活动分布。

“边界效应”由心理学家德克 · 德 · 琼治提出，指人们喜爱逗留在区域的边缘，而区域开敞的中间地带是最后的选择。区域的边缘象征两个地方的交接，人作为个体处于中间距离，与两个地方不远也不近，这能很好反映人对交往距离的要求——安全。一个新的边界，成了场所中的活动聚集点与触发器，在不影响个人空间泡的同时给市民带来一种新的交流媒介。

在开阔的广场、沙滩和草坪，人群往往趋于分散，人们在公共空间依然躲在各自的角落用社交网络联系着世界。线形的造型与环境不构成冲突，虚体在不影响景观视线与交通流线的条件下形成了柔性的边界。

一“线”生机构筑物，在人群和空间要素上具有灵活性和针对性。其在大梅沙海滨浴场上扮演活动发生器的角色，以此线性框架为依托，通过边界效应对开敞空间的重新划分，形成如闲坐、穿越、沙滩排球、游泳停靠等多样活动，创造出一个富有趣味的“生机网络”。

一“线”生机——总平面图

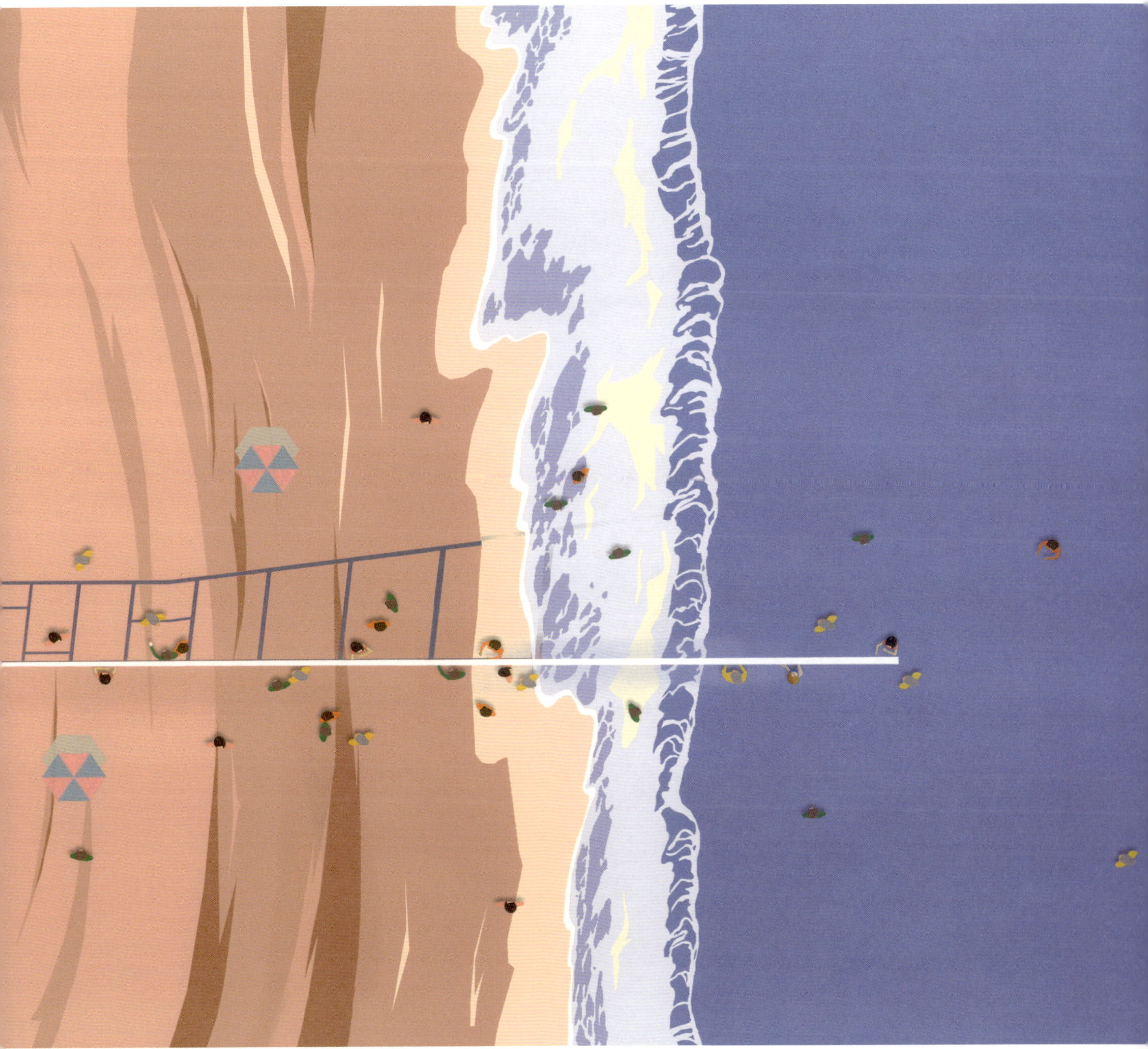

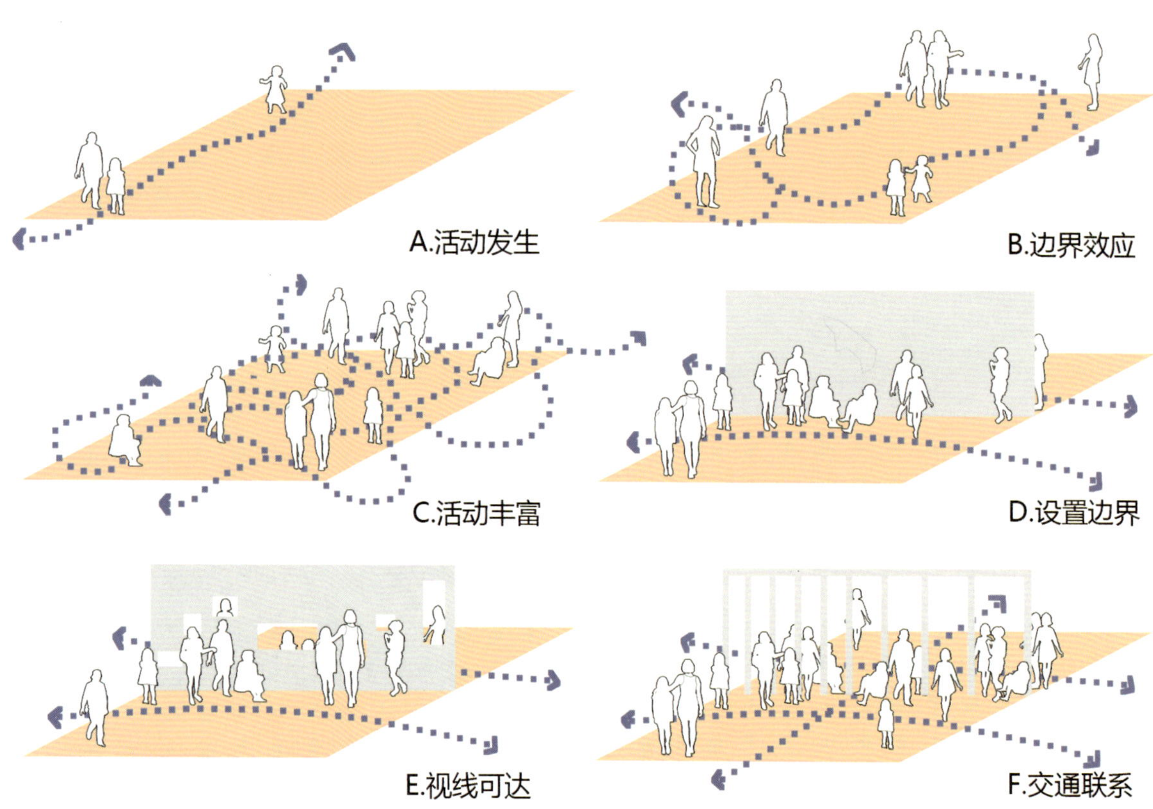

一“线”生机——概念生成

—“线”生机

活动与尺度分析

本次设计从人体工程力学入手，依据人体身高、眼睛高度、肘部高度、挺直坐高、膝盖高度为主要数据标准，对于不同尺度进行精心考量，满足了不同人群的活动需求，蕴含了更多使用的可能。合理规划活动范围，通过适当减弱室外空间个体的领域性来增强人际距离，激发活力。

儿童尺度：丰富的户外空间是儿童的天然活动场，本构筑物除了考虑成人尺度外，在儿童尺度上也有一定的考虑。本设计舍弃提供机械呆板的成套游乐器械，在自然区域内通过简单灵活的构架，创造大量攀爬、跳跃、钻洞、荡来荡去等适合儿童游憩的空间，提供多种的活动可能和丰富体验。

尺度的多样性：人体基本动作丰富多变，尺度也因此具有多样性和复杂性。本设计以坡面为媒介，在遵循人体工程力学的基础上对尺度进行弹性处理，满足户外空间多样化的需求。

250mm
300mm
450mm
800mm
600mm
150mm
1100mm
500mm
800mm
1100mm
550mm
1100mm
950mm
400mm
750mm
850mm
1800mm
1550mm
1800mm
600mm
1700mm
2700mm
2300mm
1000mm
3600mm
4500mm
2900mm
2000mm
1150mm
400mm
1000mm

设计效果分析

海滨浴场

海滨浴场原本沿海岸线分布的活力空间带因为“线”的介入而有了新的层次，沿着缓坡从沙滩延伸向海，随着构架单元尺度的变大，人们可以在此坐、攀爬、倚靠、挂放物件、打沙滩排球、在水中攀缘……各种尺度与地形坡度相协调，提供给人们一个娱乐、交谈、享受海滨时光的场所。所形成的纵向“生机线”与海岸线相交叉，形成一道崭新的风景线。

盘山步道草坡

单调的盘山步道如何增加停留休憩的场所，同时与自然和谐共生？“线”仿佛从地上生长出来，顺着地形变换姿态。步道旁的草坡因为一个虚的边界成了活力的聚集点，利用不同高差尺度，一个亲近自然的看书、聚会、野餐，或者是荡秋千、健身、嬉戏的室外空间就此诞生。用最少的构成手法营造出更多活动的可能。

大梅沙村广场

不同于自然之中的人工构筑，大梅沙村广场上的“线”，更像是一种标志性的公共雕塑，契合进了大梅沙村的公共空间之中，激活了单调发散的广场空间。线的高度变化引导人们看向海和村中的公共建筑，构成一种潜在的仪式感。其具有的尺度要素依然给居民或者是游客以参与性、互动性。水和树阵的加入弥补了景观的完整性，共同呈现出符合旅游需求的休闲氛围。

本设计以一种楔体框架的姿态出现在空间中，线形的造型与环境不构成冲突，虚体在不影响景观视线与交通流线的条件下形成了柔性的边界。同时，构筑物对于尺度的不同考量，满足了不同人群的活动需求，蕴含了更多使用的可能，使之既作为盐田公共空间的雕塑标志物，也是承担一定功能的城市家具，发挥着多重作用。

这样的线能有机散布并契合进城市消极的场所当中，并根据不同的适用人群和空间要素形成统一而具有针对性的构筑物群体，将会构成一个富有趣味的“生机网络”，营造出与城市相融的活力空间。

一“线”生机——海滨浴场立面图

一“线”生机——盘山步道草坡立面图

一“线”生机——大梅沙广场立面图

Yantian Floating Beach
漂浮海滩

DaniEl VallE、iago Blanco、irEnE roDrigUEz Vara、JiWon HUr、anDrEa gonzalEz DE VEga / 丹尼尔·瓦莱建筑事务所（DaniEl VallE arcHitEctS）

盐田是个充满活力的城市片区。美丽的海岸线、山峰、绿树和城市景观，都吸引着世界各地的游客。同时，盐田区也坐拥丰富的文化遗产，这在城市发展的过程中是不应被遗忘的。在深圳市的所有区中，盐田区以其优秀的海滨浴场、大梅沙和小梅沙两处绝佳的海滨景观吸引了我们的注意。同时吸引了我们注意的，还有深圳自然景观和旅游产业之间微妙的关系，和二者之间明显的失衡。每年旺季，城市迎来大量游客，给海滩造成严重的安全隐患。项目旨在提高海滩游的品质，并在创新解决现有问题的前提下，将当地的文化遗产引入场地。

在我们的工作室中，灵感的产生是一个各种元素交互碰撞的复杂过程。设计过程并不是线性的，可其中却也包含着一些常规的步骤，这些步骤是每个项目都要经历的。其中一个步骤便是对于场地及周边城市环境的调研。城市环境既是具体的物质，也是抽象的概念；既是当地的，又是全球的；既是有形的，又是无形的；既是静止的，也是动态的。场地周边的城市环境非常有趣，具有生成优秀方案的潜力。在这个项目中，我们分析了深圳市各个区域的城市现象和城市问题。通过这些相关的分析，我们清楚地看到，旅游业及其破坏性的影响应该引起我们的注意。盐田城市海滩所面临的主要问题是过度拥挤，为了解决这个问题，漂浮海滩的概念就应运而生了。

我们就这个项目进行了多次头脑风暴，也集思广益了许多概念。最终，我们认定，要将海滩延伸进海中去。我们无法确定这个理念是源自于之前项目积累的经验、知识，还是个人的人生经历。虽然我们一直试图在方案生成的过程中尽量不带有任何先入为主的意见，但是让人完全脱离自己的背景这件事本身是不太现实的。

当我们决定将沙滩向海中延伸之后，我们找了一些思路类似的案例。几乎所有的案例研究都指向填海造地，就像迪拜的棕榈树项目一样。但是我们认为，棕榈树项目对于环境的冲击过大，在盐田区显然是不合时宜的。从一开始我们就希望能将对环境的影响降到最低，并且在建设运营的过程中不消耗太多能源。在调研阶段，我们也找到了一些有趣的案例，案例中利用漂浮系统来激活河岸，围绕河流打造各种活动，正是这些案例使我们最终决定做一个漂浮的系统。

下一步工作就是在市场中寻找在预算和技术上都切实可行的漂浮系统了。换句话说，设计过程中的最后一步，就是要让方案落地。

效果图

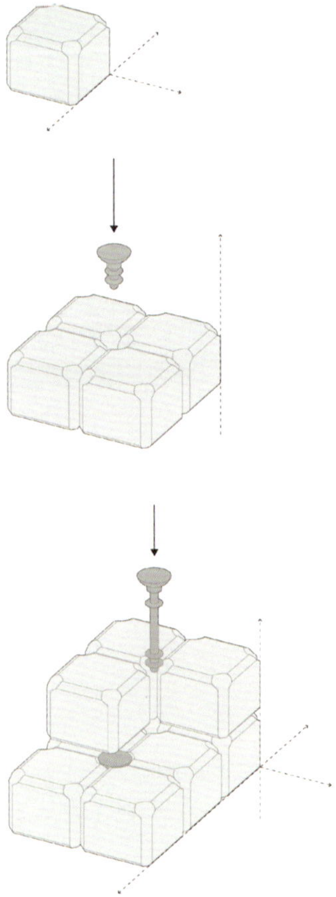

组装方案

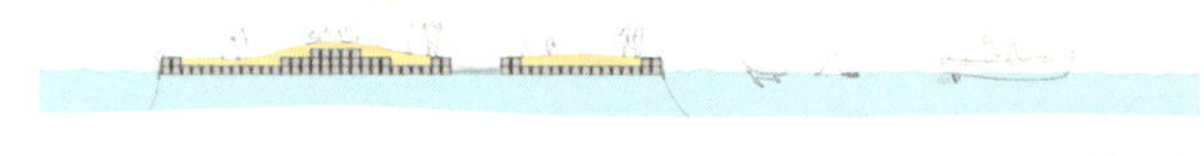

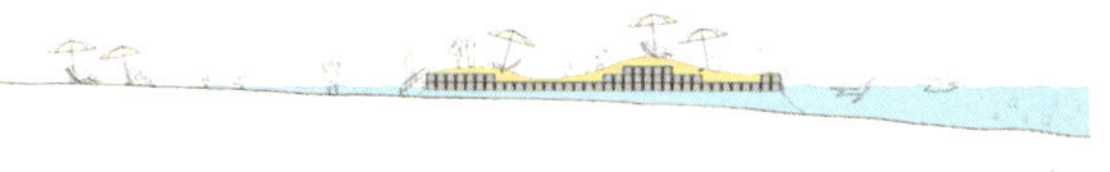

剖面图

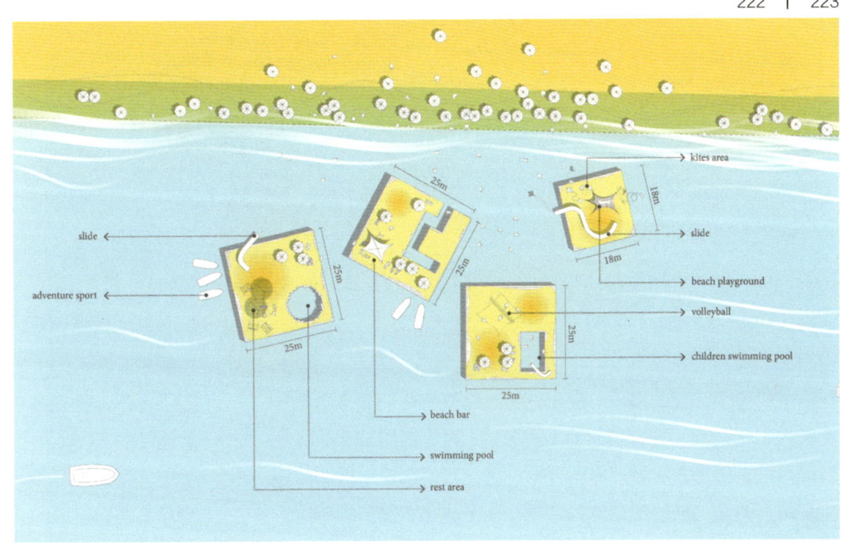

平面图

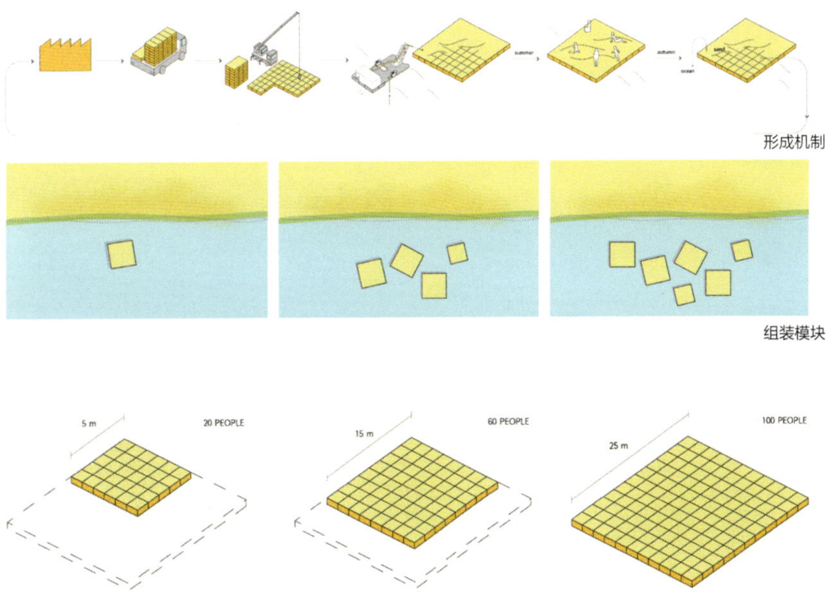

形成机制

组装模块

组装方案

当理念和材料等都确定完毕，我们开始绘制平面图和剖面图。在这个阶段中，我们进一步深化方案，赋予每一个漂浮小岛形状、大小和内容。竞赛有时间上的限制，因此我们设计与表现双线并行。由于方案要呈献给公众，因此我们希望最后的总图能够传达清楚、新鲜和随意的感觉。我们选择了图形的表达方式，这样专业人员和非专业人员就都可以清楚地理解了。

这个方案的主要目的是为游客提供更多的空间。过度拥挤的海滩现状不仅使得游览体验非常不舒适、不方便，更带来了严重的安全隐患。“盐田漂浮海滩”方案令部分海岸能够像岛屿一样漂浮在海中，从而为游客提供更多的空间。在盐田漂浮海滩上，游客同样可以享受日光浴，进行沙滩排球和其他活动。漂浮海滩不仅带来了更多的空间、更多的舒适，还有更多的安全。

漂浮海滩如何漂浮还得由海滩运营管理团队来决定。海滩可漂浮的特性为其布局摆放提供了很大的灵活性。

盐田漂浮海滩不仅仅是另一块可游玩的区域而已。除了减轻空间压力、提升空间安全性的作用之外，漂浮海滩更点亮了海岸线的游乐活动。在漂浮海滩上，人们可以进行沙滩运动、划水、享受主题游乐区（如风筝区、沙滩游乐场和安静的休息区）。盐田漂浮沙滩面向从小孩到老人的全年龄层，提供从日光浴到极限运动的各种活动。

漂浮岛屿有不同的大小。我们建议做一个 25 米 ×25 米的包含多种活动的漂浮单元。有的模块朝向大海，在岛屿中设置海水游泳池，其余的则成为游船的码头。岛屿之间可以间隔很近，也可以相隔很远。岛屿之间间隔很近的时候比较安全，这样就可以允许游客在岛屿之间游来游去。

岛屿的剖面由漂浮的模块和沙子构成。岛屿中地形的变化是通过引入第二层或第三层漂浮单元来实现的。剖面图还表明，漂浮的海滩是锚定到海底的，这样才能控制它们的位置。漂浮的岛屿也可以靠近海岸布置，这样游客就可以步行上岛了。

项目的漂浮模块系统意味着极大的灵活性，可以根据需要组合出任意大小的岛屿。更重要的是，这些漂浮的模块可以进行出租和售卖，那么旅游高峰期过后，盐田就可以退还这些模块了。这种做法是站在项目的全生命周期的角度上来思考问题的，走的是一条可持续发展的路径。我们认为这是非常重要的。

总平面图

City On The Movie
移动城市系列

程博 / 瑞士建筑与工程协会 Sia 注册建筑师，苏黎世 MEiErHUg arcHitEktEn 建筑事务所建筑师
于岛 / 瑞士建筑与工程协会 Sia 注册建筑师，丘 Hil arcHitEctS 建筑设计工作室合伙建筑师

德国哲学家莱辛认为不同艺术门类之间虽然可以有通感式的类比与相似性存在，但因其载体媒介的不同，归根结底都有其自身的边界条件——这局限性本身恰恰是定义该艺术内核与特质的标尺。

建筑与其他艺术形式最大的不同就是它可以容纳人的活动——其作为一种艺术形式与实用物的混合体，让其与观者主体之间的不仅仅是“凝视”或“聆听”这样泾渭分明的疏离关系，容纳支持使用者的活动所带来的主动的、积极的、参与的审美体验，在一众艺术形式中无出其右，即使是今日各种空间装置艺术，其局限的互动可能与建筑所能容纳活动的多样性相比，可谓班门弄斧。

以趣味为目的的艺术门类庞杂各有所长，而在建筑中也自古有之，中国园林与欧洲园林是为绝佳先例。而建筑的趣味与其他艺术形式相比的独特之处，也恰恰仍在于其所能容纳活动的趣味性。而这种趣味性又与雕塑趣味性的诙谐夸张形式截然不同。

过去，血缘、地理、阶级的影响促成相对稳定的社区（宗族、村落、城市邻里……），并在特定的场所（祭堂、神庙、水井……）形成了社区中心，并在其处形成“公共建筑”满足活动需求。

当代，多元社会所容纳的对“趣味”及“趣味活动”的理解可谓千变万化，而像深圳盐城这样的大都市里，越来越多匿名的个体因为共同的兴趣形成多样流动的线上社区，并自发地从线上到线下，在临时选择的地点形成活动场所。建筑不再是社会活动形成的条件，而是流动社区中个体多样性需求的结果，作为一个没有特定使用者的建筑，以为不同人群不同期许提供相应空间为趣味性的最高体现——移动城市系列的两个作品所追求的“轻”“临时”“多变”“可移动”的特质，正是以这一目标的出发点进行的探索。

效果图——舞池

移动微中心

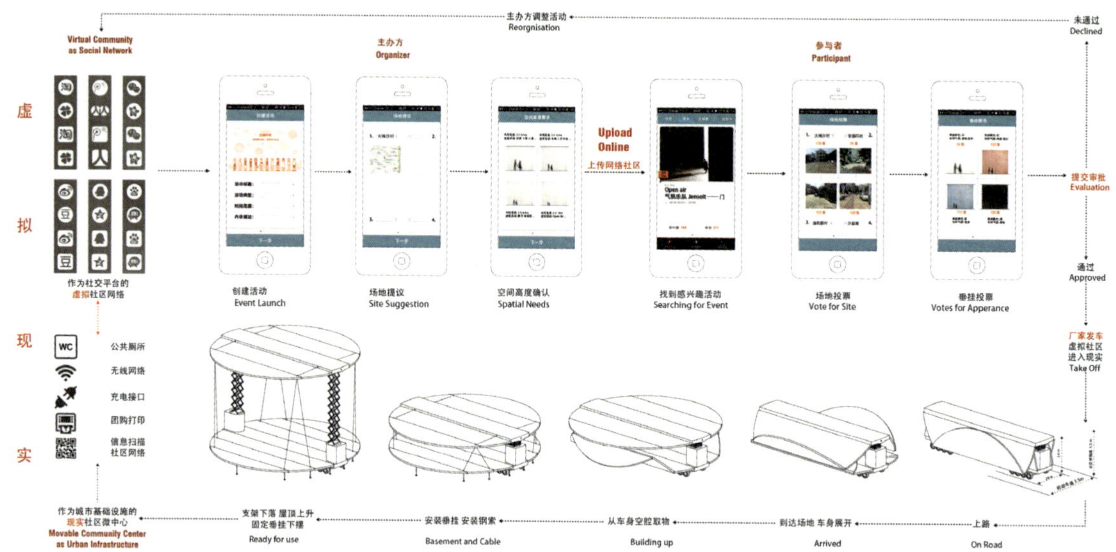

使用方式图解

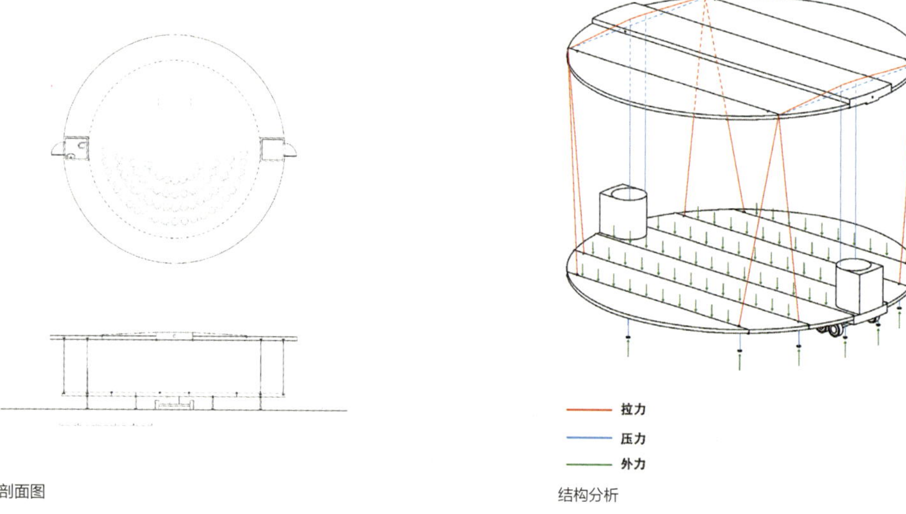

剖面图

结构分析

效果图——演唱会舞台

效果图——亲子园

效果图

拼贴屋

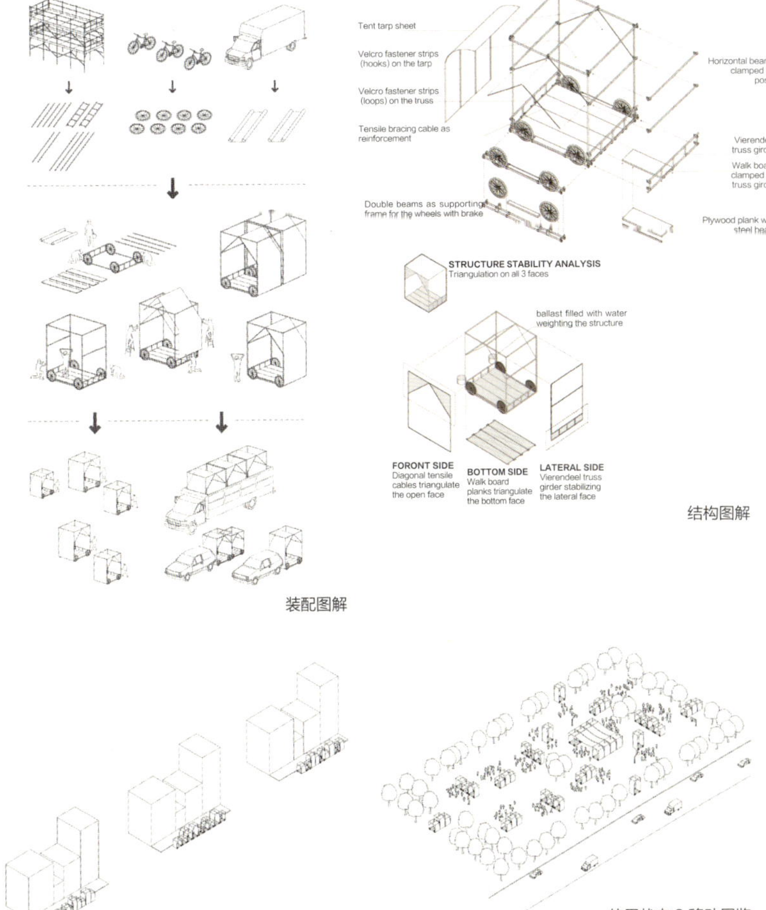

装配图解

结构图解

使用状态 1 论坛会场

使用状态 2 移动展览

The Invisible Fishes
消失的大鱼

侯静 / 广州博城建筑设计有限公司

• 万里无云，大白鲸和三只小白鲸在海上追逐玩耍，这时出现了一捕猎者，他们迅速逃离……

One day with great sunshine and breeze, whale James is playing with his three whale friends. Suddenly, they find some whale-hunters getting closer and closer to them so they run away as soon as possible...

•• 鲸鱼们误入了一个小渔村，追捕者也进了村子，继续搜寻鲸鱼的踪迹。

The four whales are missing their way and swimming into a fishing village. Those hunters go into this village as well and try to find whales.

∴ 村民们上前阻拦，说到："你们这是要干什么，不许胡来！"捕猎者灰溜溜离开了。

but the villagers stop them and ask: what are you doing? Stop hunting the whales! Hunters has to leave.

∷ 村民们低声喊着："大鱼们，快出来吧，坏人都走了！"大白鲸们已经不见了踪影……

Villagers say: big fishes, you are safe! Hunters have gone away.But sharks have not been seen again…

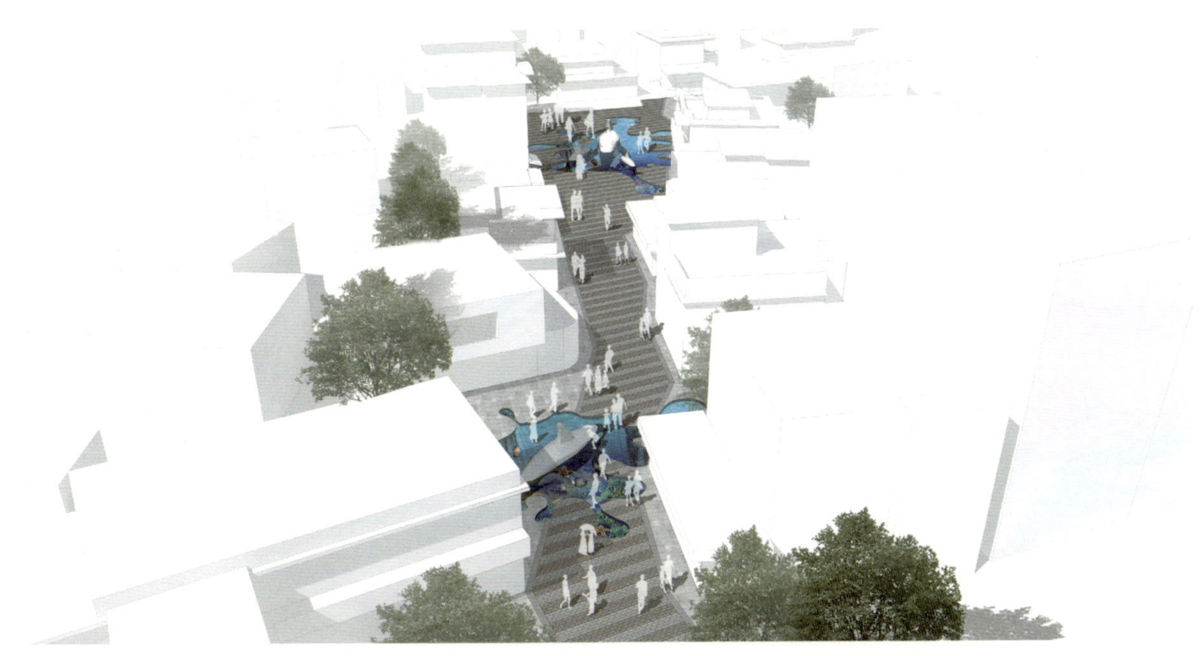

“趣城”尝试在城市公共空间中带来新的微型趣味空间，解决城市问题并提升公共空间品质。从字面理解，“趣城”首先就是“趣”，方案要有趣，这不是一个传统意义上“高大上”的项目，而是对城市公共空间的另外一种解读，是一种轻型的空间提案，也是一个自下而上的 K 空间策略。

团队在选点上开始就锁定“山、海、城”中“城”的部分，落脚于周边环境条件优越，充满了强烈对比的大梅沙村，将此作为改造的一个载体，展开我们的趣味探索之旅。

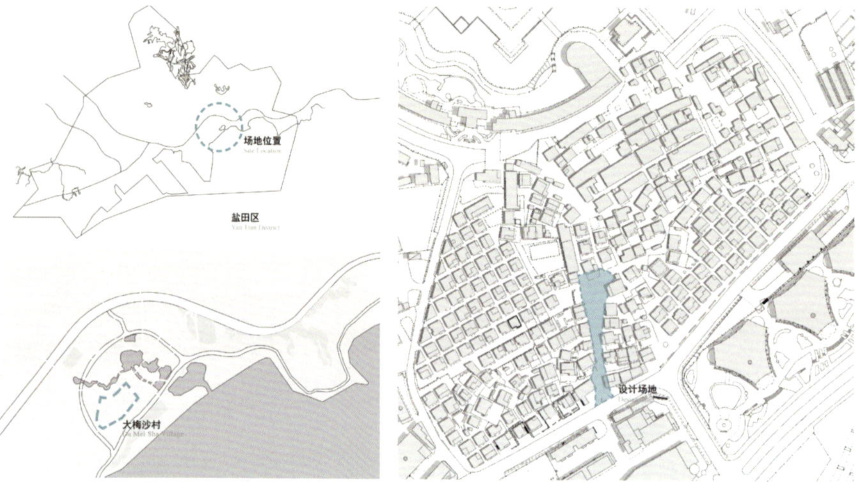

区位分析

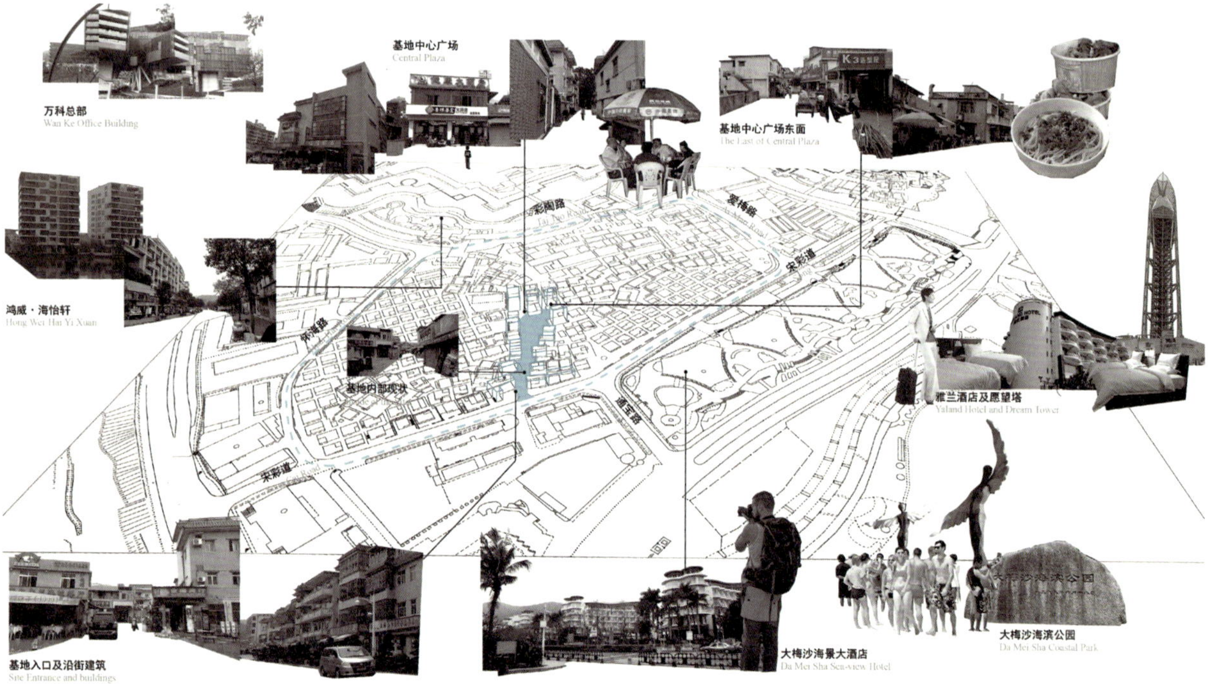

万科总部
Wan Ke Office Building

基地中心广场
Central Plaza

基地中心广场东面
The East of Central Plaza

鸿威·海怡轩
Hong Wei Hai Yi Xuan

彩陶路

菱梅路

宋彩道

基地内部现状

雅兰酒店及愿望塔
Yaland Hotel and Dream Tower

基地入口及沿街建筑
Site Entrance and buildings

大梅沙海景大酒店
Da Mei Sha Sea-view Hotel

大梅沙海滨公园
Da Mei Sha Coastal Park

场地现状及周边环境定位

1

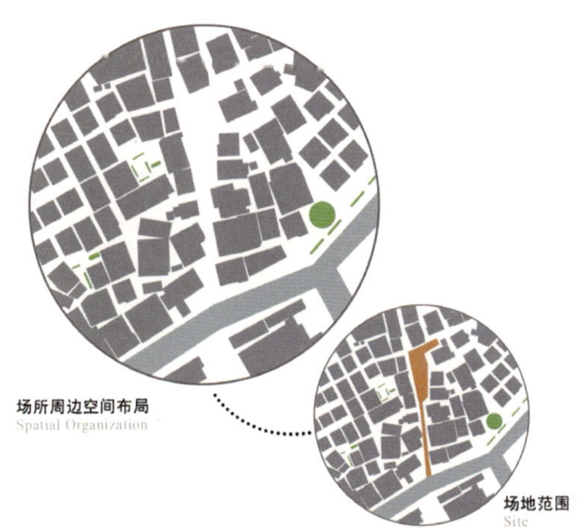

大梅沙村用地面积 15.6 公顷，是盐田市区进入大梅沙地区的重要门户。大梅沙村现居住人口以外来务工人员为主，占总人口的 90%，是典型的深圳城中村。

Da Mei Sha Village is 15.6 hectares totally and is the important entrance for Yan Tian District. Most of people in Da Mei Sha Village now are migrant workers, and the flowing population is more than 90%.

2

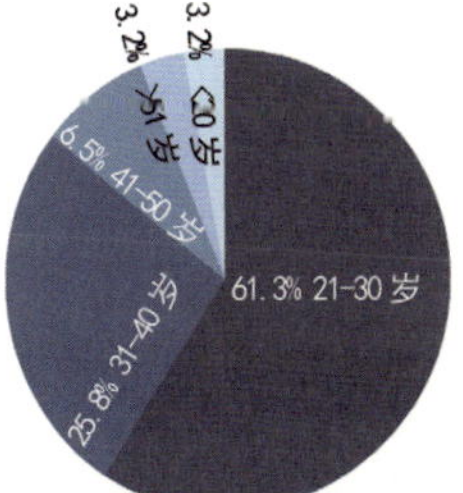

游客流量
Visitors Capacity

2014-2015 期间，大梅沙景区节假日游客接待量为 100000 人次 / 日，景区接待量上限为 50000 人次 / 日。

Between 2014-2015, in holidays, the population of visitors in Da Mei Sha attraction is about 100000 people/day, and the maximum capacity of visitors is 50000 people/day.

居住人口年龄层分析
People Age

根据相关数据显示，城中村现有居住人口的年龄层主要集中在 20 岁到 ~ 50 岁之间。

The statistics show that, people aged between 20 and 50 are the dominant group.

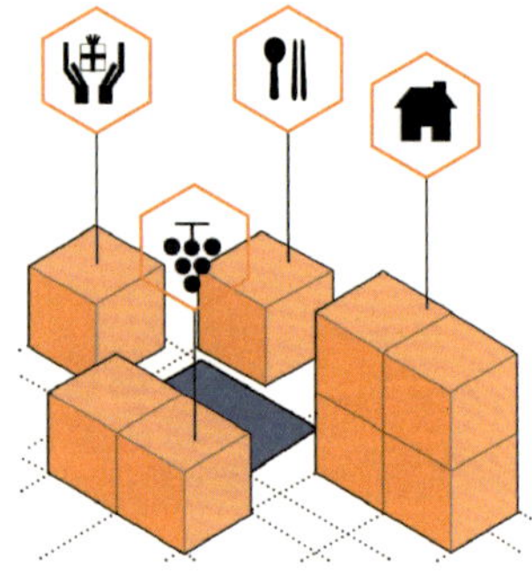

3

场所空间与功能分析

Spatial Analysis

场地为围合型的线性空间，两边以 2 层的餐饮商店为主。场地使用率较低，缺乏趣味性，无法满足使用者停留观赏以及交流互动的功能需求。

The site is a enclosed stripe space and the buildings around here mainly are 2 stories and running food business. Low usage rate and boring space cannot attract users to stay here and have activities.

4

场地问题二：场地空间的限制条件
设计对策二：连贯性

Design Strategy 2: Existing Restricted Conditions
Design Strategy 2: Consistency

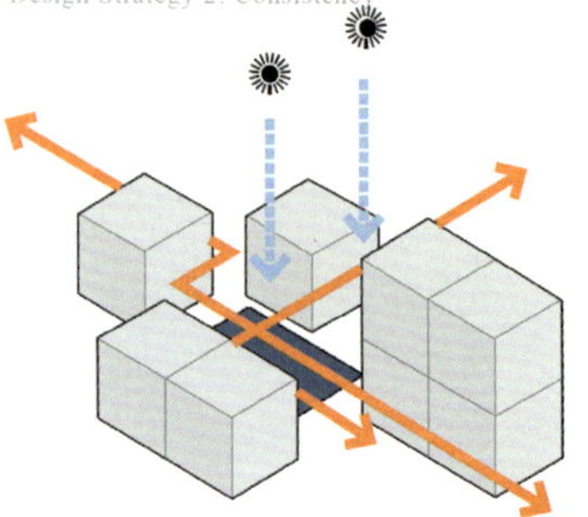

场所空间上的限制要求设计必须能够保证空间上的连贯性，在竖向关系上保证不影响对周围住户的通风采光性。

Design needs to ensure the space consistency, and will not cause lighting problems.

5

场所问题一：场地无趣，无法吸引人群
设计对策一：主题性与趣味性

Question 1: Boring site and low interests
Design Strategy 1: Theme and Interests

与周边环境的呼应性。大梅沙村紧邻大梅沙海滩，通过具有强烈主题性的景观增加该场地的趣味性，汇聚人气，填补现有场地的功能缺失。

How to reflect the ocean elements to emphasize the relationship between village and city?And how to improve the interests of the site?

场地现状与设计对策

活动场景图

DAILY ACTIVITIES

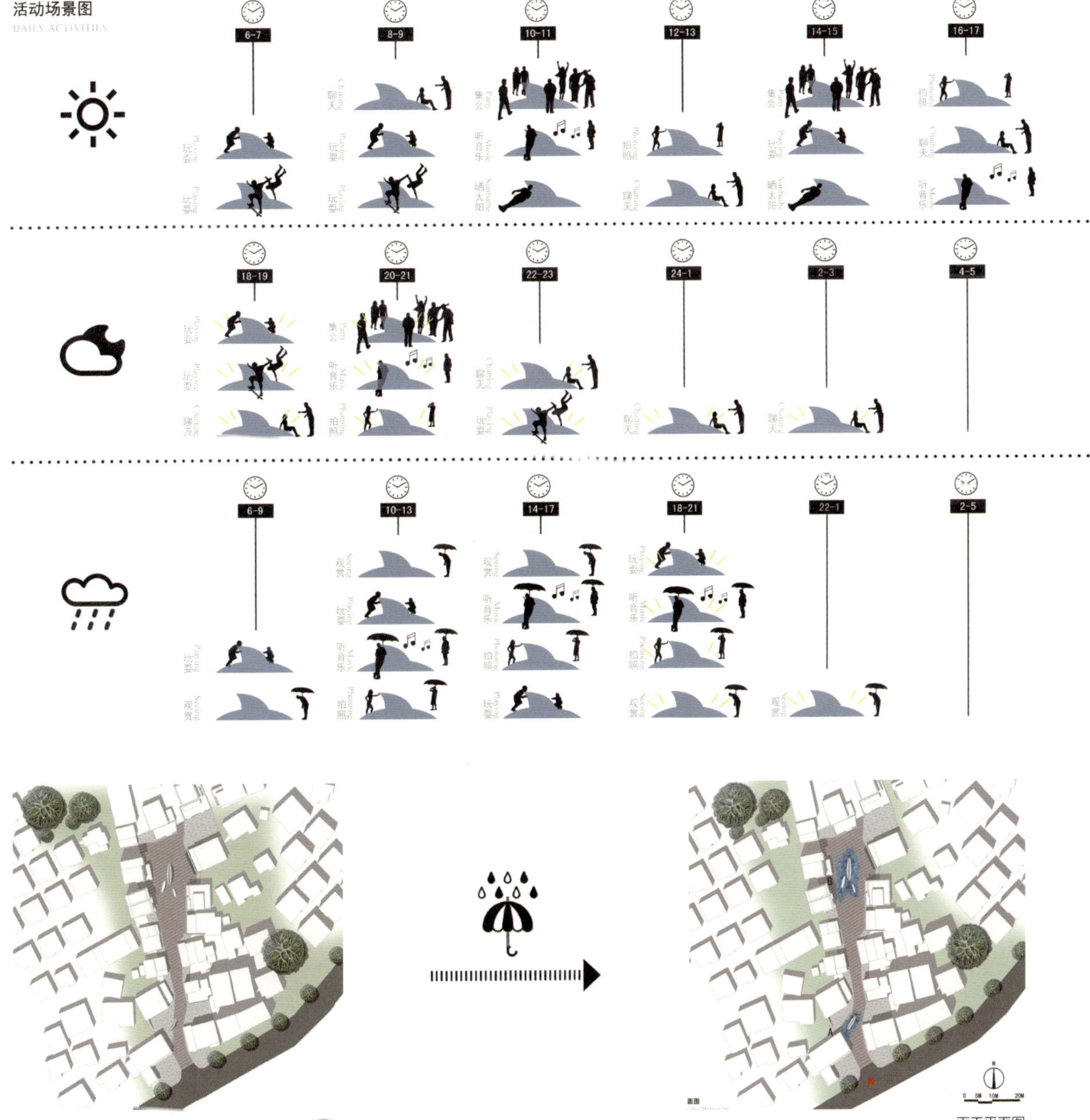

晴天平面图

雨天平面图

大梅沙村周边基础设施完善，但是村内设施简陋，毫无新意。主要集中性的场地空间没有停留、观赏、互动参与性设施。因此，我们想到在主入口处以及村内中心区域设置 A、B 两处设施作为整体前后呼应。

改造的装置名叫“大鱼”，此装置分为 A、B 两个部分，以海洋为主题，四条鲸鱼（一大、三小，三前一后）。总占地面积约为 $500m^2$。装置本身就还会因为时间、天气的不同呈现不一样的视觉效果，通过中央声控及灯光控制，营造出海洋主题的视觉和听觉上的情景效果。例如：天气晴朗的白天，该装置是呈现可爱的地上部分——鲸鱼鱼背和鱼鳍，可供大人小孩玩耍其中；夜晚则是会发光的效果，给沉闷的城中村夜晚增添一份趣味性。雨水天气，被水浸湿过的地面会呈现出栩栩如生的海洋以及鲸鱼在海中游走的动态画面，给雨田经过的人们意外的惊喜，同时此番趣味也能引得外人慕名前来观赏。

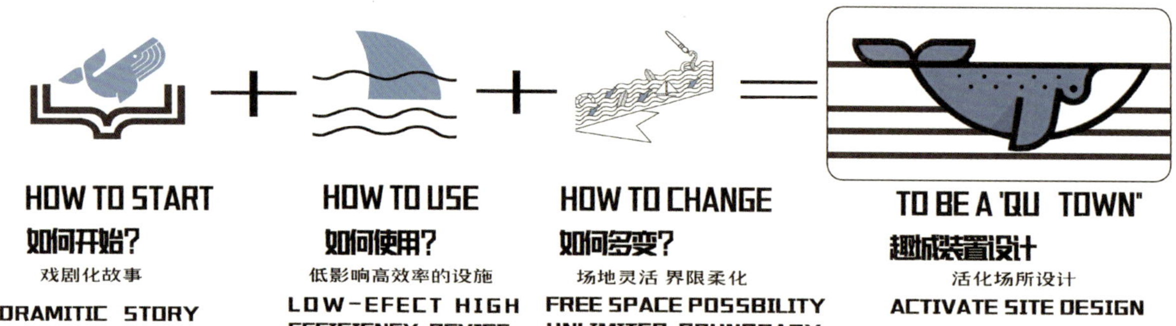

推广模式

大梅沙村改造之消失的大鱼 雨天

大梅沙村改造之消失的大鱼 晴天

趣城 · 深圳建筑地图

趣城 · 深圳城市设计地图

趣城 · 盐田竞赛项目评价表

趣城 · 深圳建筑地图

作为改革开放最前沿的城市，深圳的城市发展具有不同于内地其他城市的独特历程，建筑的形式也丰富多样，从国际化大都市必备的现代建筑到城市低成本生活的区城中村建筑，都是深圳特色的反映。2008 年 11 月，深圳被 UNESCO 授予“设计之都”称号，特色建筑设计在其中的作用不可小觑。目前记录深圳城市建筑的汇编性出版物较少，专业性较强，难以在普通大众中推广普及，因此迫切需要一本以深入浅出的方式汇集建筑信息的导览书籍，以引发公众的兴趣，提升城市的建筑审美修养。同时，作为快速发展的国际化城市，如何记录改革开放 40 年来深圳城市建筑的变迁，为城市发展保留一些文化记忆，亦是本书希望贡献力量之处。基于以上两点初衷，深圳市规划和国土资源委员会委托深圳市城市设计促进中心开展了《趣城·深圳建筑地图》的编制及出版。

我们在前期摸底调研、建筑分类筛选、建筑信息汇编的基础上，通过公开征集、专家研讨、公众评选形式，从 6 万余个深圳建筑中，筛选出 299 个入选建筑。其中的建筑，既有万科中心这样的大师作品，也有上海宾馆这样有深刻集体记忆的普通建筑；既有独具特色的工业遗存，也有一些鲜为人知的历史古建。

建筑的时间上以深圳经济特区成立 40 年来的各个发展阶段为主，并部分涵盖深圳经济特区成立前的一些历史建筑。空间上跨越深圳 10 个区，西到新启用的深圳机场 T3 航站楼，东至大鹏地质博物馆，北到龙岗老墟镇，南到蛇口原广东浮法玻璃厂……通过这些尝试，我们希望能以专业化的视角遴选建筑，以公众化的语境介绍建筑，为塑造特色化、人性化、生活化的城市建筑科普发挥促进作用，切实提升“设计之都”的城市品质与形象。这是一个开放的、刚刚开始的出版项目，随着社会关注和公众参与的深入，以后每隔四至五年再版一次，不断补充、完善、增选新的各类建筑，让《趣城 · 深圳建筑地图》成为推广建筑科普、宣传城市形象的亮丽名片。

趣城 · 深圳城市设计地图

如何寻找深圳市中有趣又具有文化内涵的地点，在繁忙的都市生活当中找到周末的好去处？《趣城 · 深圳城市设计地图》通过收集整理城市中能体现乐活精神的空间和场所，使更多市民参与到乐活族中来，体验乐活生活，同时发现更多城市里不为人知的有趣地点。“深圳城市设计地图”是深圳乃至全国首份以广义的城市设计为主题的地图。该项目历时一年半，由深圳市规划和国土资源委员会城市设计处委托深圳市城市设计促进中心承编。从城市设计角度对深圳总体城市形象开展了全面的调研、梳理，通过对深圳总体城市形象和城际线的研究、收集整理深圳优质自然、人文景观和标志性建筑等资料，采用手绘地图的方式，将这些元素汇集在一张图纸上，使读者更直观深入地了解城市，发现身边隐藏的美，体验截然不同的趣味深圳。

展开手中的地图，有趣的文化建筑、充满活力的公共空间、宜人的自然景观、前沿的创意园区、多样的休闲场所浮现在读者眼前，让观者瞬间变成“老深圳”，轻松发现“新深圳”。地图以深圳全市为范围编制，尝试收集整理城市各类特色地点，共分成六大类型——公共开放空间、自然开放空间、城市建筑空间、人文历史空间、城市创意空间及休闲活动空间，并细分为特色滨水空间、特色街道街区、特色纪念标志物、古村落、宗教祠堂建筑、历史建筑等 26 小类。通过这六种类型把深圳有趣的地点、空间总结归类，最终形成一个可供人直接感知这个城市的立体地图。编制设计地图的初衷就是记录下深圳市的发展，引导市民换一种眼光去看这座城市，重新挖掘城市生活的趣味，重构城市的魅力，提高市民的城市认同感与凝聚力。地图不但可以用于深圳城市设计的公共指引和推介宣传工作，同时也可以为深圳的城市和创意设计产业发展提供一个汇聚现有创意网络与能量的焦点，一个交流和激发创意的公共平台。

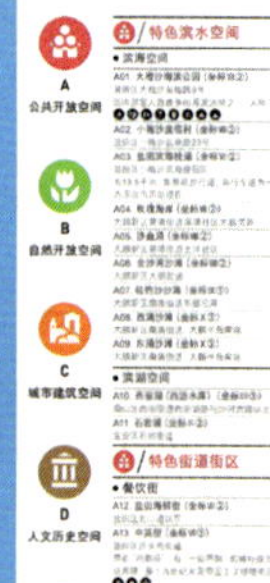

特色公共博览建筑

绿色建筑/示范区

• 绿色建筑单体

• 低碳生态示范区

古村落

民居建筑

宗教祠堂建筑

历史建筑

历史遗迹

革命史迹

特色创意产业园区

特色艺术区

创意商业区

特色植物

特色标志性建筑

特色校园建筑

特色公共文化建筑

运动场所

人文休闲场所

趣城·盐田竞赛项目评价表

基本信息				项目情况					项目评价								
项目编号	项目名称	项目简述	项目主题	项目类别	项目选点	服务群体	实用性	建设规模	用地条件	安全性	灵活性	材料工艺	施工难度	后期维护	管理难度	可实施性	调研情况
A001	沟通山与城的竹亭子	登山口亭子	山	小品构筑类	登山道	登山者	休憩停留	中型	没有条件	安全	选点单一	普通材料	普通	普通维护	无需管理	可实施	无适宜选点
A002	晒鱼亭	艺术凉亭	海	小品构筑类	海滨栈道	游客	视觉观赏	中型	用地适宜	有风险	灵活放置	普通材料	普通	普通维护	无需管理	可实施	调整选点
A003	彩虹山道	登山道涂鸦	山	景观场所类	登山道	登山者	视觉观赏	大型	用地适宜	安全	选点单一	普通材料	简单	难以维护	专业管理	可实施	调整选点
A004	智趣魔方	单元家具	城	小品构筑类	城市街道	居民	休憩停留	小型	用地适宜	较安全	灵活放置	定制组合	简单	普通维护	普通管理	容易实施	调整选点
A005	许愿屋	海上凉亭	海	小品构筑类	海上	游客	休憩停留	大型	用地适宜	有风险	选点单一	完全定制	困难	难以维护	专业管理	难以实施	
A006	分散式酒店	众筹酒店	城	其他	城中村	游客	其他	规划	没有条件	有风险	选点可调	完全定制	困难	难以维护	专业管理	难以实施	
A007	竹光微图书馆	移动图书馆	城	小品构筑类	城市街道	居民	公共服务	小型	没有条件	较安全	灵活放置	完全定制	普通	难以维护	专业管理	难以实施	
A008	消失的大鱼	街头雕塑	海	艺术装置类	城中村	居民	视觉观赏	大型	没有条件	较安全	选点单一	普通材料	复杂	普通维护	无需管理	难以实施	
A009	众筹景观墙	景观雕塑	海	艺术装置类	海滨栈道	游客	视觉观赏	中型	用地适宜	安全	选点单一	定制组合	复杂	难以维护	专业管理	难以实施	
A010	迷阵	景观雕塑	海	艺术装置类	沙滩	游客	视觉观赏	大型	用地适宜	有风险	选点单一	普通材料	普通	普通维护	普通管理	难以实施	
A011	街道景观椅	曲线长椅	城	小品构筑类	城市街道	居民	休憩停留	小型	没有条件	安全	选点可调	普通材料	普通	普通维护	无需管理	可实施	无适宜选点
A012	痕迹	马赛克装置	城	艺术装置类	城市街道	居民	休憩停留	中型	没有条件	有风险	选点可调	定制组合	复杂	难以维护	无需管理	难以实施	
A013	趣味翻折	墙上家具	城	小品构筑类	墙面	居民	休憩停留	中型	用地适宜	较安全	选点可调	定制组合	普通	普通维护	普通管理	可实施	调整选点
A014	马赛克花园	墙上花盆	海	艺术装置类	墙面	居民	视觉观赏	中型	用地适宜	较安全	选点可调	定制组合	普通	普通维护	普通管理	可实施	无适宜选点
A015	城市山林	地景建筑	山	小品构筑类	街头公园	游客及居民	休憩停留	大型	没有条件	有风险	选点单一	完全定制	困难	普通维护	专业管理	难以实施	
A016	木浪	墙面装置	海	艺术装置类	墙面	居民	视觉观赏	中型	用地适宜	较安全	选点可调	定制组合	普通	难以维护	普通管理	难以实施	
A017	Growth in the Mountain	艺术凉亭	山	小品构筑类	登山道	登山者	休憩停留	中型	没有条件	较安全	选点单一	普通材料	普通	普通维护	普通管理	可实施	无适宜选点
A018	竹屋	艺术凉亭	山	小品构筑类	登山道	登山者	休憩停留	大型	没有条件	较安全	选点单一	普通材料	普通	普通维护	普通管理	可实施	无适宜选点
A019	雨中微笑	地面涂鸦	城	景观场所类	城中村	居民	视觉观赏	中型	用地适宜	安全	选点单一	普通材料	简单	容易维护	普通管理	容易实施	调整选点
A020	城市寄存箱	城市家具	城	小品构筑类	城市街道	居民	其他	中型	没有条件	有风险	选点可调	定制组合	普通	难以维护	专业管理	难以实施	
A021	趣城之夜	艺术凉亭	山	小品构筑类	街头公园	游客及居民	休憩停留	大型	没有条件	有风险	选点单一	完全定制	复杂	难以维护	专业管理	难以实施	
A022	集装箱公厕	公共厕所	海	小品构筑类	海滨栈道	游客及居民	公共服务	大型	没有条件	较安全	选点单一	完全定制	普通	难以维护	普通管理	难以实施	
A023	海滨栈道服务系统	竹亭子	山	小品构筑类	海滨栈道	游客及居民	公共服务	中型	没有条件	有风险	选点单一	普通材料	普通	难以维护	普通管理	难以实施	
A024	趣道	折叠栈道	海	景观场所类	海滨栈道	游客及居民	休憩停留	大型	用地适宜	较安全	选点单一	普通材料	普通	普通维护	无需管理	可实施	调整选点
A025	捕风捉影	登山道座椅	山	小品构筑类	登山道	登山者	休憩停留	小型	没有条件	安全	灵活放置	普通材料	简单	容易维护	无需管理	难以实施	
A026	憩乐融榕	树下构筑物	城	小品构筑类	街头公园	居民	休憩停留	大型	没有条件	有风险	选点单一	完全定制	复杂	难以维护	普通管理	难以实施	
A027	移动趣味树球	树下构筑物	城	小品构筑类	街头公园	居民	休憩停留	大型	没有条件	有风险	选点单一	完全定制	复杂	普通维护	普通管理	难以实施	
A028	城市空间催化剂	公交车站	城	小品构筑类	城市街道	居民	公共服务	大型	没有条件	有风险	选点可调	普通材料	普通	难以维护	普通管理	难以实施	
A029	海上明珠	海上泡泡装置	海	艺术装置类	海上	游客	视觉观赏	小型	没有条件	有风险	灵活放置	完全定制	复杂	难以维护	普通管理	难以实施	
A030	鸟·巢	生态堤岸	海	其他	海上	游客及居民	其他	大型	没有条件	有风险	选点单一	完全定制	复杂	难以维护	专业管理	难以实施	
A031	登山驿站	登山道棚	山	小品构筑类	登山道	登山者	公共服务	中型	用地适宜	较安全	选点单一	普通材料	困难	普通维护	普通管理	难以实施	
A032	街角地形学	观景平台	城	小品构筑类	城中村	游客及居民	休憩停留	大型	没有条件	有风险	选点单一	完全定制	困难	普通维护	普通管理	难以实施	
A033	浮桥新语	漂浮平台	海	景观场所类	海上	游客	休憩停留	大型	没有条件	有风险	选点可调	完全定制	困难	普通维护	专业管理	难以实施	
A034	海滨趣味安全岛	海上避难亭	海	小品构筑类	海上	游客及居民	其他	大型	没有条件	安全	选点单一	普通材料	困难	普通维护	普通管理	难以实施	
A035	墙面改造	马赛克玻璃墙面	城	艺术装置类	墙面	居民	视觉观赏	中型	用地适宜	有风险	选点单一	定制组合	普通	普通维护	普通管理	难以实施	
A036	潜望镜	长颈鹿潜望镜	城	艺术装置类	城市街道	游客及居民	视觉观赏	大型	没有条件	较安全	选点单一	完全定制	复杂	普通维护	普通管理	难以实施	
A037	万花筒	艺术凉亭	海	小品构筑类	沙滩	游客	休憩停留	大型	没有条件	较安全	选点可调	普通材料	普通	难以维护	专业管理	难以实施	
A038	圆	球状雕塑群	城	艺术装置类	城市街道	居民	视觉观赏	大型	没有条件	有风险	选点可调	定制组合	困难	普通维护	普通管理	难以实施	
A039	环城使者	秋千凉亭	海	艺术装置类	沙滩	游客	其他	中型	没有条件	有风险	选点单一	定制组合	复杂	难以维护	专业管理	难以实施	
A040	塔楼厕所	反射材料厕所	山	其他	登山道	登山者	公共服务	大型	没有条件	有风险	选点单一	普通材料	普通	难以维护	普通管理	难以实施	
A041	集装箱改造休息亭	集装箱亭子	海	小品构筑类	海滨栈道	游客	休憩停留	大型	没有条件	较安全	选点单一	普通材料	普通	普通维护	普通管理	难以实施	
A042	换觉	玻璃盒子	海	艺术装置类	沙滩	游客	视觉观赏	大型	没有条件	有风险	选点单一	普通材料	困难	难以维护	专业管理	难以实施	
A043	筐与蓝	啤酒筐烧烤摊	城	艺术装置类	街头公园	居民	其他	大型	没有条件	有风险	选点单一	普通材料	简单	难以维护	专业管理	难以实施	
A044	城市缝隙	桥边天桥	城	小品构筑类	墙面	居民	休憩停留	大型	没有条件	有风险	选点单一	普通材料	普通	难以维护	普通管理	难以实施	
A045	归渔	带状观景台	海	小品构筑类	沙滩	游客	休憩停留	大型	没有条件	有风险	选点单一	普通材料	普通	难以维护	专业管理	难以实施	
A046	黑夜彩虹	休息亭	海	小品构筑类	海滨栈道	游客	休憩停留	中型	没有条件	安全	选点单一	普通材料	普通	普通维护	普通管理	可实施	调整选点
A047	流浪者之家	集装箱骑楼	城	小品构筑类	墙面	游客及居民	休憩停留	大型	没有条件	有风险	选点单一	定制组合	复杂	难以维护	专业管理	难以实施	
A048	水管线登山道公厕	集水公厕	山	小品构筑类	登山道	登山者	公共服务	大型	用地适宜	有风险	选点单一	普通材料	困难	难以维护	专业管理	难以实施	
A049	酷玩鱼市	漂浮栈道	海	景观场所类	海上	游客	其他	规划	没有条件	有风险	选点单一	定制组合	困难	难以维护	专业管理	难以实施	
A050	雪筑	滨海休闲屋	海	小品构筑类	海滨栈道	游客	公共服务	大型	没有条件	有风险	选点单一	定制组合	普通	难以维护	专业管理	难以实施	
A051	剪影墙	剪影雕塑	海	艺术装置类	海滨栈道	游客	视觉观赏	中型	用地适宜	较安全	灵活放置	完全定制	普通	容易维护	无需管理	难以实施	
A052	积木花园	单元家具	城	小品构筑类	城市街道	居民	休憩停留	小型	用地适宜	较安全	灵活放置	定制组合	普通	普通维护	普通管理	可实施	调整选点
A053	公交站设计	集装箱公交站	城	小品构筑类	城市街道	居民	公共服务	大型	没有条件	较安全	选点单一	普通材料	普通	普通维护	专业管理	难以实施	
A054	滨海驿站设计	球形休息亭	海	小品构筑类	海滨栈道	游客	休憩停留	中型	没有条件	有风险	选点单一	完全定制	复杂	难以维护	专业管理	难以实施	
A055	星际漫步	月球雕塑	海	小品构筑类	海滨栈道	游客及居民	视觉观赏	大型	没有条件	有风险	选点单一	完全定制	困难	难以维护	专业管理	难以实施	
A056	Opaque Margin	滨海休闲屋	海	小品构筑类	海滨栈道	游客及居民	休憩停留	大型	没有条件	有风险	选点单一	完全定制	普通	普通维护	专业管理	难以实施	
A057	踏浪阁	滨海休闲屋	海	小品构筑类	海滨栈道	游客及居民	休憩停留	大型	没有条件	有风险	选点单一	完全定制	复杂	难以维护	专业管理	难以实施	
A058	众星伴月	折纸船浮台	海	艺术装置类	海上	游客	休憩停留	大型	没有条件	有风险	选点单一	完全定制	困难	难以维护	专业管理	难以实施	
A059	海滨栈道场地设计	几何场地设计	海	景观场所类	海滨栈道	游客	视觉观赏	中型	没有条件	较安全	选点单一	普通材料	简单	容易维护	无需管理	难以实施	
A060	树下圆舞曲	树下构筑物	城	艺术装置类	街头公园	居民	视觉观赏	中型	用地适宜	有风险	选点可调	完全定制	复杂	普通维护	普通管理	可实施	调整选点
A061	Rotating Walls	变形墙	城	小品构筑类	街头公园	居民	休憩停留	大型	没有条件	有风险	选点可调	普通材料	普通	难以维护	普通管理	难以实施	
A062	趣模搭块	趣味建筑	山	其他	登山道	登山者	休憩停留	大型	没有条件	有风险	选点单一	普通材料	普通	难以维护	专业管理	难以实施	
A063	城市空隙	街头场地设计	山	景观场所类	街头公园	居民	休憩停留	大型	没有条件	安全	选点单一	普通材料	普通	普通维护	普通管理	难以实施	
A064	凉园	艺术凉亭	城	小品构筑类	街头公园	居民	休憩停留	大型	用地适宜	有风险	选点单一	定制组合	普通	普通维护	普通管理	可实施	调整选点
A065	触手可及	集装箱观景台	海	小品构筑类	海滨栈道	游客	休憩停留	大型	没有条件	较安全	选点单一	普通材料	普通	普通维护	普通管理	可实施	无适宜选点
A066	城市切片	艺术凉亭	城	小品构筑类	街头公园	居民	休憩停留	大型	没有条件	较安全	选点可调	完全定制	复杂	难以维护	普通管理	难以实施	
A067	一线生机	沙滩装置	海	小品构筑类	沙滩	游客	休憩停留	大型	没有条件	有风险	选点单一	普通材料	普通	普通维护	专业管理	难以实施	
A068	大梅沙入口座椅设计	座椅设计	海	小品构筑类	沙滩	游客	休憩停留	小型	没有条件	有风险	灵活放置	定制组合	普通	普通维护	普通管理	难以实施	
A069	天海人	多功能社区中心	海	其他	海滨栈道	游客及居民	公共服务	大型	没有条件	有风险	选点单一	普通材料	普通	难以维护	专业管理	难以实施	
A070	海洋之眼	海中平台	海	景观场所类	海上	游客及居民	休憩停留	大型	没有条件	较安全	选点单一	普通材料	困难	普通维护	普通管理	难以实施	

基本信息				项目情况					项目评价								
项目编号	项目名称	项目简述	项目主题	项目类别	项目选点	服务群体	实用性	建设规模	用地条件	安全性	灵活性	材料工艺	施工难度	后期维护	管理难度	可实施性	调研情况
A071	流动的墙	开孔曲线墙群	城	艺术装置类	街头公园	居民	视觉观赏	大型	没有条件	较安全	选点单一	普通材料	困难	普通维护	普通管理	难以实施	
A072	雨之协奏曲	水景构筑	海	小品构筑类	海滨栈道	游客及居民	休憩停留	大型	没有条件	较安全	选点可调	完全定制	复杂	普通维护	普通管理	难以实施	
A073	大梅沙鸽子群	鸽子雕塑	海	艺术装置类	沙滩	游客	视觉观赏	大型	没有条件	有风险	灵活放置	定制组合	困难	难以维护	专业管理	难以实施	
A074	小街	曲线墙	城	艺术装置类	城中村	居民	视觉观赏	大型	用地适宜	有风险	选点可调	完全定制	困难	普通维护	普通管理	难以实施	
A075	海贝亭	沙滩长亭	海	小品构筑类	沙滩	游客	休憩停留	大型	没有条件	有风险	选点单一	普通材料	普通	普通维护	普通管理	难以实施	
A076	消解的民居	栈道景观亭	海	小品构筑类	海滨栈道	游客及居民	休憩停留	大型	没有条件	较安全	选点单一	普通材料	普通	普通维护	普通管理	难以实施	
A077	隐山长墙	墙面装置	城	艺术装置类	墙面	居民	视觉观赏	大型	没有条件	较安全	选点单一	普通材料	普通	普通维护	普通管理	难以实施	
A078	Cloud Plaza	云雾广场	城	景观场所类	街头公园	居民	视觉观赏	大型	没有条件	较安全	选点单一	完全定制	困难	难以维护	专业管理	难以实施	
A079	彩墙	马赛克墙面	城	艺术装置类	墙面	居民	视觉观赏	大型	没有条件	较安全	选点单一	普通材料	复杂	难以维护	普通管理	难以实施	
A080	门途	登山道标识牌	山	小品构筑类	登山道	游客	公共服务	中型	用地适宜	有风险	选点单一	定制组合	困难	普通维护	无需管理	难以实施	
A081	亚热带极光旋律	激光装置	海	艺术装置类	沙滩	游客	视觉观赏	大型	没有条件	较安全	选点可调	普通材料	复杂	普通维护	专业管理	可实施	无适宜选点
A082	井盖的故事	井盖植栽	城	其他	城市街道	居民	视觉观赏	小型	用地适宜	较安全	灵活放置	定制组合	困难	难以维护	普通管理	难以实施	
A083	渔舟唱晚	沙滩休息亭	海	小品构筑类	沙滩	游客	休憩停留	大型	没有条件	有风险	选点单一	普通材料	普通	难以维护	普通管理	难以实施	
A084	Marine Observation	石滩平台	海	小品构筑类	沙滩	游客	休憩停留	大型	没有条件	有风险	选点单一	普通材料	困难	普通维护	普通管理	难以实施	
A085	户外健身房	室外运动场地	城	景观场所类	街头公园	居民	休憩停留	大型	没有条件	有风险	选点单一	普通材料	困难	普通维护	普通管理	难以实施	
A086	城市魔镜	休息亭	城	小品构筑类	城市街道	居民	休憩停留	中型	没有条件	有风险	选点单一	普通材料	普通	普通维护	普通管理	难以实施	
A087	互动喷泉	感应旱喷	城	景观场所类	街头公园	游客及居民	视觉观赏	大型	没有条件	较安全	选点单一	普通材料	普通	普通维护	普通管理	难以实施	
A088	波动的草皮	金属片雕塑	城	艺术装置类	街头公园	游客及居民	视觉观赏	大型	用地适宜	有风险	选点单一	完全定制	困难	难以维护	普通管理	难以实施	
A089	未来恢复色彩的村庄	蔬菜种植架	城	小品构筑类	城中村	居民	其他	大型	没有条件	较安全	选点单一	普通材料	普通	难以维护	专业管理	难以实施	
A090	在路上	感应LED地面	城	艺术装置类	城市街道	居民	视觉观赏	大型	用地适宜	较安全	选点单一	完全定制	困难	难以维护	专业管理	难以实施	
A091	莫比乌斯环活动装置	环形亭	城	小品构筑类	街头公园	居民	休憩停留	大型	没有条件	有风险	选点单一	普通材料	普通	难以维护	普通管理	难以实施	
A092	Q	休息亭	海	小品构筑类	海滨栈道	游客及居民	休憩停留	中型	用地浪费	较安全	选点单一	普通材料	普通	普通维护	普通管理	难以实施	
A093	智能人行过街设施	灯光街道设施	城	其他	城市街道	居民	公共服务	大型	用地适宜	较安全	选点单一	普通材料	困难	难以维护	专业管理	难以实施	
A094	墙的再生	图书馆墙	城	其他	墙面	居民	公共服务	大型	没有条件	较安全	选点单一	完全定制	复杂	难以维护	专业管理	难以实施	
A095	海滨栈道改造计划	海边平台	海	景观场所类	海滨栈道	游客	休憩停留	大型	没有条件	较安全	选点单一	普通材料	普通	难以维护	普通管理	难以实施	
A096	文字标识	篆体文字标识	城	其他	城市街道	游客及居民	公共服务	中型	没有条件	较安全	选点单一	普通材料	普通	难以维护	普通管理	难以实施	
A097	新城市露营系统	高层露营楼	城	其他	街头公园	游客	公共服务	规划	没有条件	有风险	选点单一	普通材料	普通	难以维护	专业管理	难以实施	
A098	集装箱家庭旅馆	集装箱小屋	海	其他	海滨栈道	游客	其他	大型	没有条件	有风险	选点单一	普通材料	困难	难以维护	专业管理	难以实施	
A099	工地围墙改造计划	集装箱功能块	城	其他	城中村	居民	其他	大型	没有条件	有风险	选点可调	定制组合	困难	难以维护	专业管理	难以实施	
A100	骑行者休息站&观景台	观景平台	海	小品构筑类	海滨栈道	游客	休憩停留	大型	没有条件	较安全	选点单一	普通材料	困难	普通维护	普通管理	难以实施	
A101	趣城趣墙	球场反弹墙	城	艺术装置类	城中村	居民	公共服务	大型	没有条件	较安全	选点单一	完全定制	复杂	普通维护	普通管理	难以实施	
A102	漂浮沙滩	方块浮岛	海	景观场所类	海上	游客	休憩停留	大型	没有条件	较安全	选点可调	完全定制	困难	难以维护	专业管理	难以实施	
A103	太阳能风扇	太阳能风扇	海	小品构筑类	沙滩	游客	公共服务	中型	用地适宜	有风险	选点单一	完全定制	困难	难以维护	专业管理	难以实施	
A104	Square Transformer	单元家具	城	小品构筑类	城中村	居民	休憩停留	大型	用地适宜	较安全	选点可调	定制组合	普通	普通维护	普通管理	可实施	场地适宜
A105	一颗牙	玻璃景观亭	海	小品构筑类	沙滩	游客	休憩停留	大型	没有条件	较安全	选点单一	完全定制	困难	难以维护	普通管理	难以实施	
A106	Inspiring Quest	街头装置组	城	小品构筑类	城中村	居民	休憩停留	大型	没有条件	较安全	选点单一	完全定制	困难	普通维护	普通管理	难以实施	
B001	余音长廊/海浪长廊	声光墙面	城	艺术装置类	城市街道	居民	休憩停留	大型	没有条件	较安全	选点单一	定制组合	困难	难以维护	专业管理	难以实施	
B002	帆趣	栈道景观亭	海	小品构筑类	海滨栈道	游客	休憩停留	大型	没有条件	有风险	选点单一	定制组合	普通	难以维护	普通管理	难以实施	
B003	渔村记忆	渔民新村改造	城	其他	城中村	居民	其他	规划	没有条件	较安全	选点单一	定制组合	困难	普通维护	普通管理	难以实施	
B004	复活海滨栈道计划	栈道装置组	海	其他	海滨栈道	游客	其他	规划	没有条件	较安全	选点单一	定制组合	普通	难以维护	普通管理	可实施	无适宜选点
B005	集装箱公园	集装箱装置组	海	其他	海滨栈道	游客	其他	规划	用地适宜	较安全	选点单一	定制组合	普通	普通维护	普通管理	难以实施	
B006	Aquatopia	沙滩钢管装置	海	小品构筑类	沙滩	游客	休憩停留	大型	没有条件	有风险	选点单一	完全定制	普通	普通维护	专业管理	难以实施	
B007	绿竹亭系统	栈道休息亭	海	小品构筑类	海滨栈道	游客	休憩停留	中型	没有条件	较安全	选点单一	定制组合	普通	普通维护	普通管理	难以实施	
B008	盐晶体系列	栈道小装置	海	小品构筑类	海滨栈道	游客	其他	小型	用地适宜	有风险	灵活放置	定制组合	普通	普通维护	普通管理	可实施	无适宜选点
B009	大梅沙村寻宝之旅	蛋雕塑	城	艺术装置类	城中村	游客及居民	视觉观赏	中型	没有条件	较安全	选点单一	定制组合	普通	普通维护	专业管理	难以实施	
B010	晴雨步道	街头休息亭	城	小品构筑类	城市街道	居民	休憩停留	大型	没有条件	较安全	选点单一	普通材料	普通	普通维护	普通管理	难以实施	
B011	软软	集装箱休息装置	城	小品构筑类	城市街道	居民	休憩停留	大型	用地适宜	有风险	选点可调	定制组合	困难	难以维护	专业管理	难以实施	
B012	智慧社区	大梅沙村改造	城	景观场所类	城中村	居民	其他	规划	没有条件	较安全	选点可调	定制组合	普通	普通维护	专业管理	难以实施	
B013	穿梭暗巷的市墟绘	市政设施改造	城	其他	城市街道	居民	公共服务	规划	用地适宜	有风险	选点单一	定制组合	困难	难以维护	普通管理	难以实施	
B014	盐小田的幸福成长	盐田吉祥物	城	艺术装置类	城市街道	游客及居民	视觉观赏	中型	用地适宜	较安全	选点单一	普通材料	普通	普通维护	普通管理	可实施	无适宜选点
B015	收费站立面改造	收费站立面改造	城	其他	墙面	游客及居民	其他	大型	没有条件	有风险	选点单一	完全定制	困难	难以维护	普通管理	难以实施	
B016	海之影	马赛克遮阳	海	小品构筑类	海滨栈道	游客	休憩停留	大型	没有条件	较安全	选点单一	普通材料	复杂	难以维护	普通管理	难以实施	
B017	步道激活计划	中英街空间改造	城	景观场所类	城市街道	游客	休憩停留	规划	没有条件	较安全	选点单一	普通材料	普通	普通维护	普通管理	难以实施	
B018	盲道涂鸦	盲道涂鸦	城	景观场所类	城市街道	居民	视觉观赏	小型	用地适宜	较安全	选点单一	普通材料	普通	难以维护	专业管理	难以实施	
B019	游厕	公厕	城	小品构筑类	城市街道	游客及居民	公共服务	大型	没有条件	较安全	选点单一	普通材料	普通	普通维护	普通管理	难以实施	
B020	雕塑系列	装置组	城	艺术装置类	街头公园	居民	视觉观赏	大型	没有条件	有风险	选点可调	定制组合	复杂	普通维护	普通管理	难以实施	
B021	角的魅力	单元结构装置	山	小品构筑类	登山道	游客	休憩停留	大型	用地适宜	较安全	选点单一	定制组合	困难	普通维护	普通管理	可实施	无适宜选点
B022	海之梦	大梅沙广场改造	海	景观场所类	沙滩	游客	休憩停留	规划	没有条件	较安全	选点可调	普通材料	困难	难以维护	专业管理	难以实施	
B023	移动微中心	移动文化场所	城	小品构筑类	城市街道	游客及居民	其他	规划	没有条件	较安全	灵活放置	定制组合	复杂	难以维护	专业管理	难以实施	
B024	集装箱城市家具	集装箱设施组	海	小品构筑类	海滨栈道	游客	休憩停留	大型	没有条件	较安全	选点可调	定制组合	普通	普通维护	专业管理	难以实施	
B025	树伞/山凳	钢筋家具组	海	小品构筑类	海滨栈道	游客	休憩停留	中型	用地适宜	较安全	选点可调	定制组合	复杂	普通维护	无需管理	可实施	无适宜选点
B026	集装箱趣造	集装箱厕所	山	小品构筑类	登山道	游客	公共服务	大型	没有条件	较安全	选点单一	普通材料	普通	难以维护	专业管理	难以实施	
B027	Iangram	绿化植入	山	景观场所类	登山道	游客	视觉观赏	中型	用地适宜	较安全	选点单一	普通材料	普通	难以维护	专业管理	难以实施	
B028	Beach Fairies	沙滩设施组	海	小品构筑类	沙滩	游客	公共服务	规划	没有条件	有风险	选点单一	定制组合	复杂	难以维护	专业管理	难以实施	
B029	涅槃重生	集装箱设施组	城	小品构筑类	城市街道	居民	休憩停留	大型	没有条件	有风险	选点可调	定制组合	普通	普通维护	专业管理	难以实施	
B030	海韵系列	栈道装置组	海	小品构筑类	海滨栈道	游客	休憩停留	大型	用地适宜	较安全	选点单一	定制组合	普通	普通维护	专业管理	可实施	场地适宜
B031	Big L	L形装置组	城	小品构筑类	城市街道	居民	其他	规划	没有条件	较安全	选点单一	定制组合	普通	普通维护	普通管理	难以实施	
B032	OBJ	沙滩设施组	海	小品构筑类	沙滩	游客	公共服务	大型	没有条件	有风险	选点单一	普通材料	普通	普通维护	专业管理	难以实施	
B033	Reborn Lantern	栈道灯具组	海	艺术装置类	海滨栈道	游客	视觉观赏	中型	用地适宜	较安全	选点可调	定制组合	普通	难以维护	专业管理	难以实施	
B034	ReActivate	城市图案	城	艺术装置类	城中村	游客及居民	视觉观赏	规划	没有条件	较安全	选点可调	定制组合	普通	难以维护	专业管理	难以实施	

图书在版编目（CIP）数据

趣城 / 深圳市规划国土发展中心，《城市 · 环境 · 设计》（UED）杂志社主编 . – 沈阳：辽宁科学技术出版社，2018.11
ISBN 978-7-5591-0682-7

Ⅰ．①趣… Ⅱ．①深… ②城… Ⅲ．①城市空间 – 建筑设计 – 深圳 Ⅳ．① TU984. 265. 3

中国版本图书馆 CIP 数据核字 (2018) 第 062995 号

出版发行：辽宁科学技术出版社（地址：沈阳市和平区十一纬路 25 号 邮编：110003）
印刷者：北京雅昌艺术印刷有限公司
幅面尺寸：200mm × 200mm
印张：15.5
字数：280 千字
出版时间：2018 年 11 月第 1 版
印刷时间：2018 年 11 月第 1 次印刷
责任编辑：赵淑新
编　　辑：李梦奇、师毅聪
封面设计：深圳市造梦器设计咨询有限公司
美术设计：深圳市造梦器设计咨询有限公司、陈洋、张蓉蓉
责任校对：王玉宝

书号：ISBN 978-7-5591-0682-7
定价：120.00 元